电工上岗培训读本

电工基础
DIANGONG JICHU

邱勇进　主编

李淳惠　刘佳花　副主编

化学工业出版社

·北京·

图书在版编目（CIP）数据

电工基础/邱勇进主编. —北京：化学工业出版
社，2016.7（2024.10重印）
电工上岗培训读本
ISBN 978-7-122-27253-9

Ⅰ. ①电… Ⅱ. ①邱… Ⅲ. ①电工-岗前培训-
教材 Ⅳ. ①TM1

中国版本图书馆 CIP 数据核字（2016）第 124110 号

责任编辑：高墨荣 文字编辑：孙凤英
责任校对：宋 夏 装帧设计：刘丽华

出版发行：化学工业出版社（北京市东城区青年湖南街 13 号 邮政编码 100011）
印　　刷：北京云浩印刷有限责任公司
装　　订：三河市振勇印装有限公司
787mm×1092mm 1/16 印张 14¼ 字数 349 千字 2024 年 10 月北京第 1 版第 18 次印刷

购书咨询：010-64518888 售后服务：010-64518899
网　　址：http://www.cip.com.cn
凡购买本书，如有缺损质量问题，本社销售中心负责调换。

定　　价：48.00 元

编写人员名单

邱勇进　张喜艳　刘　丛　高华宪　邱淑芹　邱美娜
姚　彬　陈莲莲　孔　杰　邱伟杰　韩文翀　郝　明
宋兆霞　于　贝　冷泰启　高宿兰　丁佃栋　刘佳花

随着我国电力事业的飞速发展，电工技术在工业、农业、国防、交通运输等各个领域得到了日益广泛的应用。为了满足大量在职职工转岗就业和城镇有志青年就业的需求，我们策划并组织具有实践经验的专家、教师和工程技术人员编写了"电工上岗培训读本"系列，本系列包括《电工基础》、《电工技能》、《电工识图》、《电工线路安装与调试》、《电子元器件及实用电路》、《维修电工》共 6 种。本系列试图从读者的兴趣和认知规律出发，一步一步地、手把手地引领初学者学习电工职业所必须掌握的基础知识和基本技能，学会操作使用基本的电气工具、仪表和设备。本系列图书编写时力图体现以下特点：

（1）在内容编排上，立足于初学者的实际需要，旨在帮助读者快速提高职业技能，结合职业技能鉴定和职业院校双证书的需求，精简整合理论课程，注重实训教学，强化上岗前培训。

（2）教材内容统筹规划，合理安排知识点、技能点，避免重复。内容突出基础知识与基本操作技能，强调实用性，注重实践，轻松直观入门。力求使读者阅读后，能很快应用到实际工作当中，从而达到花最少的时间，学最实用的技术的目的。

（3）突出职业技能培训特色，注重内容的实用性，强调动手实践能力的培养。让读者在掌握电工技能的同时，在技能训练过程中加深对专业知识、技能的理解和应用，培养读者的综合职业能力。

（4）突出了实用性和可操作性，编写中突出了工艺要领与操作技能，注意新技术、新知识、新工艺和新标准的传授。并配有知识拓展训练，具有很强的实用性和针对性，加深了对知识的学习和巩固。

本书为《电工基础》分册。全书共分 11 章，内容包括电工技术基础、电子技术基础、电工常用工具与仪表、电工识图知识、电工常用低压电器、变压器应用、电动机应用、电动机控制线路、可编程控制器 PLC、变频设备及软启动设备应用、电工安全用电知识等。

本书由邱勇进任主编，张喜艳、刘丛任副主编。参加本书编写的还有：韩文翀、冷泰启、郝明、宋兆霞。编者对关心本书出版、热心提出建议和提供资料的单位和个人表示衷心的感谢。

本书配套了电子课件，读者如果需要请发电子邮件至 qiuyj669@163.com 联系索取相应资料。

本书可作为零起点读者就业培训用书，也可供电工及电气技术人员使用，还可作为高等职业院校及专科学校相关专业师生的教学参考书。

编者

目录

第8章　电动机控制线路　165

电工技术基础知识

1.1 电路的基础知识

（1）电流

当今，在各个行业中，人们都离不开电。当人们接通照明开关时，电灯灯泡就会发光，此时电灯灯丝与导线中就产生了电流。那么，电流是如何形成和工作的呢？

自然界的物质大都是由很小的原子组成的。原子又是由带正电的原子核和带负电的核外电子组成的。图1-1是氢原子结构的示意图。带正电或带负电的微粒也叫电荷。在金属导体中，核外电子可以脱离原子核的束缚，在原子之间做杂乱无章的运动，这种电子叫做自由电子。在这种情况下，导体中没有电流。如在外力的作用下，金属导体中的自由电子会向着一定的方向移动，从而形成电流。正电荷定向移动的方向为电流的正方向。在金属导体中，电流实际是带负电的自由电子定向移动形成的，因此金属导体中电流的方向和自由电子的实际移动方向相反，如图1-2所示。

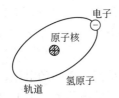

图1-1　氢原子结构示意

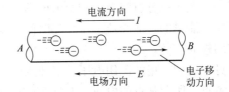

图1-2　金属导体中电流的形成

水在水管中沿着一定方向流动，水管中就有了水流，而电荷在电路中沿着一定方向移动，电路中就有了电流，电荷的定向移动形成电流。要产生电流，必须具备两个条件：一是要有电位差；二是电路一定要闭合形成回路。电流的流动很像水在水泵的作用下在水管里流动一样，水在水管里流动，流量有多有少，故在导体流过的电流也有多有少，这就引入了电流强度的概念。

电流强度是衡量电流大小的物理量。一个截面上电流强度的大小等于单位时间内通过这个截面的总电量。故电流不但有方向，而且有强弱，并用电流强度表示电流的强弱。电流强度也简称电流，电流用符号 I 表示。电流强度的单位是安培，用字母 A 表示。在应用中，还有比安培更小的电流单位：毫安（mA）和微安（μA）。

$$1安（A）＝1000毫安（mA）$$

1 毫安（mA）=1000 微安（μA）

在实际应用中，有两种不同的电流，一种为直流电流，电流强度的大小和方向都不随时间变化的电流叫恒定电流，也叫做直流电流，又称直流电。例如，电动自行车用的电流为直流电，电子表中用丁电池也为直流电。而另一种电流强度的大小和方向随时间变化的电流叫交流电流，也称交流电。例如，家用电冰箱用的 220V 电源，工厂电动机用的三相 380V 电源，所用电流均为交流电。

另外，对直流电流如果电流强度用 I 表示，那么在时间 t 内通过截面的总电量则为 q，所以它们的关系式为：

$$I=\frac{q}{t}$$

若 1s 内有 1C 的电荷量通过导体横截面，那么导体中通过的电流就是 1A。

（2）电压

在照明电路中，接通开关时电灯灯丝中就有了电流，关闭后灯丝中也就没有了电流，那么，导体中形成持续电流的条件是什么呢？条件是维持一定的电压。大家知道，河水总是从高处向低处流。因此要形成水流，就必须使水流两端具有一定的水位差，水位差也叫水压，如图 1-3 所示。与此相似，在电路里，使金属导体中的自由电子做定向移动形成电流的原因是导体的两端具有电压。电压是形成电流的必要条件之一。

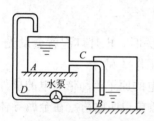

图 1-3　水压

自然界物体带电后就会带上一定的电压，一般情况下，物体所带正电荷越多，则电位越高；如果把两个电位不同的带电体用导线连接起来，电位高的带电体中的正电荷便向电位低的那个带电体流去，于是，导体中便产生了电流。就好比水，如果两点之间有高低之分，那么这两点之间如果有管道相通，则较高处的水就会向较低处流去。在电路中，任意两点之间的电位差，称为该两点间的电压。

在应用中，电压也分直流电压和交流电压，电池上的电压为直流电压，它是通过化学反应维持高低压电能量的，而交流电压是随时间周期变化的电压，一般为发电厂发出的电压，这种电压应用极为广泛。

由此可见，说到常用的民用电压、工业用电压，一定是指两点之间的电压，或者认定以一点作为参考点。所谓某点的电压，就是指该点与参考点之间的电位差。一般来讲，在电力工程中，规定以大地作为参考点，认为大地的电位等于零。如果没有特别说明的话，所谓某点的电压，就是指该点与大地之间的电压。

电压用字母 U 来表示，其单位是伏特，用符号 V 来表示，大单位可用千伏（kV）表示，小单位可用毫伏（mV）表示。有

1 千伏（kV）=1000 伏（V）

1 伏（V）=1000 毫伏（mV）

我国规定，标准电压有许多级，经常接触的有：安全电压为 36V，民用市电单相电压为 220V，低压三相电压为 380V 城乡高压配电电压为 10kV 和 35kV，输电电压为 110kV 和 220kV，还有长距离超高压输电电压 330kV 和 500kV。

（3）电阻

自由电子在导体中移动时，对导体中的其他电子与原子核会发生碰撞，使移动受到一定

阻碍。有的导体对电流阻力小，就说这种导体导电能力强。有的导体对电流阻力大，就称它导电能力差，这种对于导电所表现的能力叫做导体电阻，也称电阻，用符号 R 表示。电阻的单位是欧姆，它的符号是 Ω。比欧姆大的单位有千欧（$k\Omega$）和兆欧（$M\Omega$）。它们之间的关系是：

$$1k\Omega = 1000\Omega$$
$$1M\Omega = 1000k\Omega$$

在实际应用中，一般物体电阻的大小与制成物体的材料、几何尺寸和温度有关。一般导线的电阻可由以下公式求得：

$$R = \rho \frac{L}{S}$$

式中，L 为导线长度，m；S 为导线的横截面积，mm^2；ρ 为电阻系数，也叫电阻率，$(\Omega \cdot mm^2)/m$。

电阻系数 ρ 是电工计算中的一个重要物理常数。不同材料物体的电阻率各不相同，它的数值相当于用这种材料制成长 1m，横截面积为 $1mm^2$ 的导线，在温度 20℃ 时的电阻值。电阻系数直接反映着各种材料导电性能的好坏。材料的电阻系数越大，表示它的导电能力越差；电阻系数越小，则导电性能越好。常用导体材料的电阻系数如表 1-1 所示。

表 1-1　常用导体材料的电阻系数（20℃）

材料	电阻系数/[($\Omega \cdot mm^2$)/m]	材料	电阻系数/[($\Omega \cdot mm^2$)/m]
银	0.0165	铸铁	0.5
铜	0.0175	黄铜(铜锌合金)	0.065
钨	0.0551	铝	0.0283
铁	0.0978	康铜	0.44
铅	0.222		

各种不同的金属材料，它们的温度系数是各不相同的。例如，金属中锰铜和康铜的电阻温度系数很小，用它们制成的电阻差不多不随温度变化，所以人们常常用来制作标准电阻及变阻用电气元件。铂的电阻系数及温度系数都较大，所以人们常常用它来制造电阻温度计。在温度接近热力学零度时，金属导体的电阻变得很小。有些金属和合金，在温度低于某一数值时，其电阻会突然低到无法测量的数值，这种现象叫做超导电性。由于超导电性的实用价值很大，现在正致力于扩大它的应用范围。

（4）电容与电容器

电容器原理是两块平行金属板相对放在一起的情形。这样的装置称为平行板电容器，它是电容器的一种，任何两个彼此绝缘又相互靠近的导体都可以构成电容器。这两个导体称为电容器的两个极板。电容器在电子技术和电工技术中都有很重要的应用。

为什么把这样的装置叫电容器呢？因为它可以储存电荷，把电容器的两个极板分别与电池的两极相连，两个极板就会带上等量异种电荷，这一过程叫充电［图 1-4（a）］，从电流计上可以观察到充电电流。电容器的一个极板所带电荷的绝对值，叫做电容器的带电量。充电后电容器的两极板间存在电场。用导线把电容器的两板接通，两板上的电荷中和，电容器不再带电，这一过程叫放电［图 1-4（b）］，从电流计上可以观察到放电电流。

充电的电容器中储存着电能，这些电能存于电容器两极板间的电场中，因而又称电场

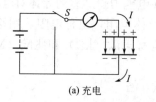 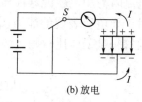

(a) 充电　　　　　　　　　　　　(b) 放电

图 1-4　电容器充放电过程

能。充电的时候，电源的能量转化为电场能；放电的时候，电场能转化为其他形式的能。

电容器带电时，它的两个极板间具有电势差 U，对于任何电容器，这个电势差都随极板所带电荷量 Q 的增加而增加，它们的比值是一个常量。但是，对于不同的电容器，这个比值一般并不相同，可见这个比值表征了电容器的特性。

电容器所带的电荷量 Q 跟它的两个极板间的电势差 U 的比值，叫做电容器的电容，用 C 表示，即

$$C=Q/U$$

在国际单位制中，电容的单位是法拉，简称法，符号为 F。一个电容器，如果电荷量为 1C，两极板电势差恰为 1V，这个电容器的电容就是 1F，法拉这个单位太大，实际中常用较小的单位：微法（μF）和皮法（pF）。

$$1\mu F=10^{-6}F$$
$$1pF=10^{-12}F$$

一般来说，构成电容器的两个导体的正对面积越大，距离越近，这个电容器的电容就越大，两个导体间电介质的性质也会影响电容器的电容。

从构造上看，常用电容器可以分为固定电容器和可变电容器两大类。

图 1-5（a）是用在收音机中的可变电容器，它有互相绝缘的两组金属片，固定的一组金属片叫定片，可以转动的一组金属片叫动片。转动动片，两组金属片的正对面积发生变化，电容也随着改变。

固定电容器的两组极板正对面积、距离以及极板间的电介质都不能改变，因此它的电容也不能改变。按照介质的种类划分，常用的固定电容器有聚苯乙烯电容器、陶瓷电容器和电解质电容器等。

两层铝箔，分别衬上聚苯乙烯薄膜，一起卷成圆柱体，就制成了聚苯乙烯电容器［图 1-5（b）］。改变铝箔的面积或薄膜的厚度，可以制成电容大小不同的聚苯乙烯电容器。

在陶瓷片的两面或陶瓷管的内外壁各镀一层金属薄膜，就制成了陶瓷电容器［图 1-5（c）］。两层金属薄膜就是电容器的两个极板，陶瓷就是电容器两板间的电介质。

电解质电容器的外形如图 1-5（d）所示。这种电容器用铝箔作一个极板，用铝箔上很薄

(a) 可变电容器　　　(b) 聚苯乙烯电容器　　　(c) 陶瓷电容器　　　(d) 电解质电容器

图 1-5　常用电容器

的一层氧化膜作电介质，用浸渍过电解液的导电纸作另一个极板，由于氧化膜很薄，电解质电容器的电容较大。

（5）阻抗

电流在电路中流动，受到一定的阻碍，这种阻碍在直流电路中就是电阻。在交流电路中，电流的流动不但有电阻，同时由于电流流动的大小和方向是随时间而不断变化的，这种变化就会在导线或线圈里产生一种"自感电动势"，当交流电随时间不断变大变小时，自感电动势却总要阻止它的变化，于是就产生一种阻力，这个阻力就是感抗，用符号"X_L"表示。

电阻和感抗综合起来就叫做阻抗，常用符号"Z"来表示。在交流电路中，电流流动时不仅要克服电阻，还要克服由自感电动势造成的感抗，也就是阻抗造成的障碍。

（6）导体

能良好地传导电流的物体叫做导体，用导体制成的电气材料叫做导电材料。金属是常用的导电材料。金属之所以能够良好地传导电流，是由金属的原子结构决定的。金属原子的最外层的电子与原子核结合得比较松散，因此，这部分电子很容易脱离自己的原子核，跳跃到别处和新的原子核结合，失去电子的原子又有新的电子来结合，这样一连串的过程就是导电的过程。除了金属以外，其他如大地，人体，天然水和酸、碱、盐类以及它们的溶液，都是导电体。电阻系数是衡量导体导电性能的依据，物体的电阻系数 ρ 越小，表明该物体的导电性能越好；反之，电阻系数越大，则表明此物体导电性能越差。银的电阻系数最小，导电性能最好，但由于价格昂贵，除极少地方必须采用（如开关触点等处）外，在工程上极少采用。工程上用得最广泛的是铜和铝。

还有一些材料，虽然能导电，但电阻系数较一般为大，人们常常把它作为电阻材料或电热材料应用于某些电器中，如用于电炉或电烤箱中的电热丝等。

（7）绝缘体

不能传导电流的物体，或者传导电流的能力极差而电流几乎不能通过的物体，叫做绝缘体。这种材料的原子结构与导体不同，它的电子和原子核结合得很紧密，而且极难分离，只含有极少量的自由电子。将此类物质接上电源时，流过的电流极小（几乎接近零），所以认为此类物质为绝缘体，是不导电的。它的作用在于把电位不同的带电部分隔离开来。

一般来讲，对绝缘体材料的要求是：具有极高的绝缘电阻和耐电强度，具有较好的耐热和防潮性能，同时应有较高的机械强度，工艺加工方便等。

空气作为一种自然界的天然绝缘材料而被人们广泛地加以利用，纸、矿物油、橡胶和陶瓷等，都是应用非常广泛的绝缘材料。近年来，由于有机合成工业的兴起，各种各样的绝缘材料不断问世，为新型电气设备的制造提供了良好的条件。

绝缘材料在电和热的长期作用下，特别是在有化学腐蚀的情况下，会逐步老化，降低它原有的电气性能和力学性能，有时甚至可能完全丧失绝缘性。所以，经常检查绝缘材料的绝缘性能是电气设备维修中的主要工作之一。绝缘电阻是绝缘材料的主要技术指标。常常用兆欧表来测量设备的绝缘电阻，一般低压电气设备的绝缘电阻应大于 $0.5M\Omega$，对于移动电器和在潮湿地方使用的电器，其绝缘电阻还应再大一点。

（8）电路与电路图

电路就是电流所经过的路径，任何电路至少应包括电源、负载、连接导线和开关等基本部分。用来说明电气设备间连接方式的图称为电路图。

　　电路中的电源起维持电流的作用，它是把其他形式的能量转变为电能的设备。例如，发电机把机械能转变为电能，电池把化学能转变成电能。而电路中的负载就是各种用电设备，它接受电源供应的电能，并把电能转变为其他形式的能量。例如，电灯把电转换成光和热能，电动机将电能转变为机械能来带动其他机器。连接导线是连接电源和负载以构成电流通路的导体。开关起通断电路的作用，有了开关，便可方便地去控制用电设备。线路和实物图见图1-6。

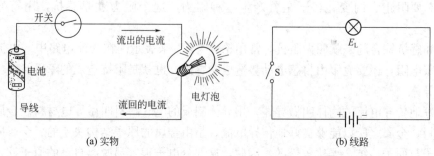

图 1-6　线路和实物

1.2　欧姆定律

　　欧姆定律是电工电子技术中的一个最基本的定律，它反映了电路中电阻、电流和电压之间的关系。欧姆定律分为部分电路欧姆定律和全电路欧姆定律。

(1) 部分电路欧姆定律

　　在一段电路两端加上电压，就能产生电流，电流流过电路，又不可避免地会遇到电阻。那么，电压、电流和电阻这三个基本物理量之间到底存在着什么关系呢？德国物理学家欧姆经过大量的实验，于1827年确定了电路中电流、电压和电阻三者之间的关系，总结出了一条最基本的电路定律——欧姆定律。欧姆定律指出：在一段电路中，流过该段电路的电流与电路两端的电压成正比，与该段电路的电阻成反比。表示如下：

$$I = U/R$$

　　式中，R 为电阻，Ω；I 为电流，A；U 为电压，V。

　　上式可以写成以下形式

$$U = IR$$

这个式子的物理意义是：电流 I 流过电阻 R 时，会在电阻 R 上产生电压降。电流 I 越大，电阻 R 越大，电阻上降落的电压越多。欧姆定律也可用下式表示：

$$R = U/I$$

　　这个式子的物理意义是：在任何一段电路两端加上一定的电压 U，可以测量出流过这段电路的电流 I，这时，可以把这段电路等效为一个电阻 R。这个概念很重要，在电路分析与计算中经常用到。

(2) 全电路欧姆定律

　　全电路欧姆定律又称为闭合电路欧姆定律，闭合电路由两部分组成：一部分是电源外部的电路，叫外电路，包括用电器和导线；另一部分是电源内部的电路，叫内电路。外电路的电阻叫外电阻；内电路也有电阻，通常叫做电源内电阻，简称内阻。在闭合电路中，电源电

动势等于外电路电压和内电路电压之和，即

$$E = U_外 + U_内$$

在图 1-7 所示的电路中，虚线框内表示内阻为 r，电动势为 E 的电源。由欧姆定律可知

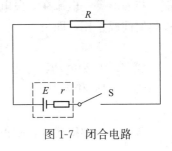

$$U_外 = IR, \quad U_内 = Ir$$

代入 $E = U_外 + U_内$ 得

$$E = IR + Ir$$

即

$$I = \frac{E}{R+r}$$

图 1-7 闭合电路

上式表明，闭合电路中的电流跟电源的电动势成正比，跟内外电阻之和成反比。这个结论叫闭合电路欧姆定律。

外电路的电势，也就是外电路两端的电压，通常叫做路端电压。电源加在用电器（负载）上的"有效"电压是路端电压。所以研究路端电压和负载的关系具有实际意义。

由闭合电路的欧姆定律 $E = IR + Ir$ 和路端电压 $U = IR$ 知

$$U = E - Ir$$

由此可知路端电压与负载的关系：

① 当负载电阻 R 增大时，电流 I 减小，路端电压增大；反之，当 R 减小时，I 增大，路端电压减小。

② 当外电路断开时，R 趋于无穷大，电流 $I \to 0$，$U \to E$，即电路断开时的路端电压等于电源的电动势，称为开路电压（断路电压）。人们常根据这个道理测量电源的电动势：将电压表直接在电源两极读数即可。

③ 当电源两端短路时，负载电阻 $R \to 0$，路端电压 $U \to IR \to 0$，$I = \dfrac{E}{r}$ 常叫短路电流。由于电源内阻一般都很小，所以短路电流会很大，这不仅会烧坏电源，甚至可能引起火灾事故。因此，绝对不允许用导线将电源两端直接接在一起。在生产和生活用电中，防止短路是安全用电的基本要求。为此，在照明线路和工厂的用电线路中都要安装保险装置，以确保安全用电。

1.3 电功、电功率和焦耳定律

(1) 电功

当电流流过电灯的灯丝时，能使电灯发热发光。当电流通过电风扇的电动机时，能使电动机转动。电流通过用电器的时候，要消耗电能，并把电能转变成其他形式的能（热能、光能、机械能）。这时就说电流做了功。电流通过用电器所做的功，叫做电功。表示电功的符号是 W。电功的单位是焦耳，其符号是 J。常用的电功单位还有千瓦时，它的符号是 kW·h。常说的 1 度电就等于 1kW·h。如果某用电器的电功率是 1kW，接通电源，电流在 1h 内所做的功，就是 1kW·h，或说用了 1 度电。千瓦时和焦耳之间的关系是：

$$1\text{kW·h} = 3.6 \times 10^6 \text{J}$$

一般普通电灯泡的电流，每秒钟所做的功为几十焦。故用电器所消耗的电能，即在一段时间内用电的度数，通常由接在电路中的电度表来测量。

各种各样的电气设备接通电源后都在做功，把电能转换成其他形式的能量，如热能、光

能、机械能等，电流在一段电路上所做的功，与这段电路两端的电压、流过电路的电流以及通电时间成正比，即

$$W=UIt$$

式中，W 为电功，J；U 为电压，V；I 为电流，A；t 为时间，s。

将 $U=IR$ 代入，可得

$$W=I^2Rt$$

若将 $I=U/R$ 代入，则得

$$W=\frac{U^2}{R}t$$

上列三式是完全等值的，可根据不同的已知条件灵活使用。电功的基本单位是焦，它是这样规定的：若负载的端电压是 1V，通过的电流为 1A，则电流每秒钟所做的功就是 1J。

（2）电功率

在实际应用中，不仅常常要计算电功，还需要知道各种电气设备做功的速率。电气设备在单位时间内所做的功叫电功率，用符号 P 表示，即

$$P=W/t$$

电功率的单位是瓦特（W）。1 瓦特就是在 1 秒钟内做了 1 焦耳的功。根据 $W=UIt$，可得

$$P=UI$$

也就是说，电流在电路中所产生的电功率，等于电压和电流的乘积。上式还可以写成

$$P=I^2R，P=U^2/R$$

功率的较大单位为千瓦，用符号 kW 表示。

$$1 千瓦（kW）=1000 瓦（W）$$

知道了用电设备的电功率，乘上用电时间，就能算出它所消耗的电能，即

$$W=Pt$$

在实际应用中，功率的单位用千瓦（kW），时间的单位用小时（h），则计量用电量（消耗的电能）的实用单位为千瓦·小时，用 kW·h 来表示，1kW·h 就是俗称的 1 度电。

例如： 有一个 220V、60W 的电灯，接在 220V 的电源上，试求通过电灯的电流和电灯在 220V 电压下工作时的电阻。如果每晚用 3h，那么一个月消耗多少电能？

解： 根据 $P=UI$，可得 $I=P/U=60/220≈0.273A$

由欧姆定律得

$$R=U/I=220/0.273≈806\Omega$$

一个月消耗电能

$$W=Pt=I^2Rt=60\times10^{-3}\times3\times30=0.06\times90=5.4kW·h$$

（3）焦耳定律

电流通过导体时，做定向移动的自由电子频繁地与金属中的正离子相撞，碰撞后，自由电子就把一部分动能传递给与它们相撞的正离子，使得分子热运动加剧，内能增加，于是导体的温度就升高，并向周围传递热量。人们把电流通过导体发热的现象叫做电流的热效应。电流的热效应是把电能转化为导体内能的表现。电炉、电熨斗、电暖气就是利用电流热效应的典型例子。

英国物理学家焦耳通过实验发现：电流流过导体，导体发出的热量与导体流过的电流、

导体的电阻和通电的时间有关。焦耳定律的具体内容是：电流流过导体产生的热量，与电流的平方及导体的电阻成正比，与通电时间也成正比。

焦耳定律可用下面的公式表示

$$Q = I^2 R t$$

举例：一根 60Ω 的电阻丝接在 36V 的电源上，在 5min 内共产生多少热量？

通过电阻丝的电流

$$I = \frac{U}{R} = \frac{36}{60} = 0.6\text{A}$$

在 5min 内共产生热量

$$Q = I^2 R t = (0.6)^2 \times 60 \times 300 = 6480\text{J}$$

1.4　电阻的连接方式

(1) 电阻的串联

如果电路中有两个或更多个电阻一个接一个地顺序相连，并且在这些电阻中通过同一电流，则这种连接方式就称为电阻的串联。图 1-8 是两个电阻串联的电路。

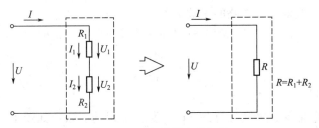

图 1-8　两个电阻串联电路

由于电流只有一条通路，所以电路的总电阻 R 必然等于各串联电阻之和，即

$$R = R_1 + R_2$$

R 称为电阻串联电路的等效电阻。

电流 I 流过电阻 R_1 和 R_2 时都要产生电压降，分别用 U_1 和 U_2 表示，即

$$U_1 = IR_1$$
$$U_2 = IR_2$$

电路的外加电压 U，等于各串联电阻上的电压降之和，即

$$U = U_1 + U_2 = IR_1 + IR_2 = I(R_1 + R_2) = IR$$

显然，电阻串联电路可以看作是一个分压电路，两个串联电阻上的电压分别为

$$U_1 = IR_1$$
$$U_2 = IR_2$$

上例式子常称为分压公式，它确定了电阻串联电路外加电压 U 在各个电阻上的分配原则。显然，每个电阻上的电压大小，决定于该电阻在总电阻中所占的比例，这个比值称为分压比。

(2) 电阻的并联

如果电路中有两个或更多个电阻连接在两个公共的节点之间，则这样的连接方式就称为电阻的并联。各个并联中的电阻上承受着同一电压。图 1-9 是两个电阻并联的电路。

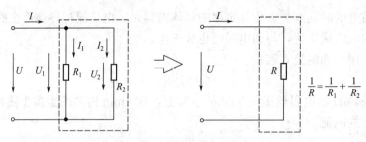

图 1-9　两个电阻并联电路

根据欧姆定律，可以分别计算出每个电阻上的电流

$$I_1 = \frac{U}{R_1}, \qquad I_2 = \frac{U}{R_2}$$

电路未分支部分的电流，等于各并联支路中电流的总和，即

$$I = I_1 + I_2$$

多个电阻并联以后的等效电阻也可以用一个等效电阻 R 来代替。

$$\frac{1}{R} = \frac{1}{R_1} + \frac{1}{R_2} + \frac{1}{R_3}$$

上式表明，多个电阻并联以后的等效电阻的倒数，等于各个支路电阻的倒数之和。由此式可以方便地计算出电阻并联电路的等效电阻。

在实际应用中，经常需要计算两个电阻并联的等效电阻，这时可利用下列简捷公式

$$R = \frac{R_1 R_2}{R_1 + R_2}$$

(3) 电阻的混联

一个电路中的电阻既有串联又有并联时，称为电阻的混联，如图 1-10 所示。

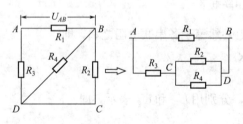

图 1-10　混联电路

对于电阻混联电路，总电阻可以这样求：先求并联电阻的总电阻，然后再求串联电阻与并联电阻的总电阻之和。在图 1-10 所示电路中，电阻 $R_1 = R_3 = 3\Omega$，$R_2 = 4\Omega$，$R_4 = 12\Omega$。求 A、B 之间的等效电阻 R_{AB}。

由图可知，R_2 与 R_4 并联，其电阻为

$$R_{24} = \frac{R_2 R_4}{R_2 + R_4} = \frac{4 \times 12}{4 + 12} = 3\Omega$$

R_{24} 与 R_3 串联，其电阻为

$$R_{243} = R_{24} + R_3 = 3 + 3 = 6\Omega$$

R_{243} 与 R_1 并联，其电阻为

$$R_{AB} = \frac{R_1 R_{243}}{R_1 + R_{243}} = \frac{6 \times 3}{6 + 3} = 2\Omega$$

1.5　电与磁

(1) 电流的磁效应

1820 年，丹麦物理学家奥斯特偶然发现一条导线通电时，附近的小磁针发生了偏转，

如图 1-11 所示。这一实验揭开了电和磁之间的神秘面纱，使人们认识到了电和磁之间密切的关系。这说明不仅磁体可以产生磁场，电流也可以产生磁场。电流产生磁场的现象叫做电流的磁效应。

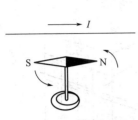

图 1-11 电流的磁效应

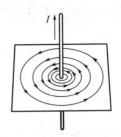

图 1-12 直线电流的磁场

在奥斯特实验公之于众后，法国物理学家安培对电流的磁效应作了进一步的研究，结果发现电流磁场的磁感线都是环绕电流的闭合曲线。对于直线电流，磁感线在垂直于导体的平面内，是一系列的同心圆，如图 1-12 所示。电流和磁感线的方向服从右手螺旋定则：对直线电流而言，用右手握住直导线，让大拇指指向电流方向，则弯曲的四指所指的方向就是磁感线的方向。对环形电流而言，用右手握住圆环，让弯曲的四指指向电流方向，则与四指垂直的大拇指所指的方向，就是圆环内磁感线的方向，如图 1-13 所示。

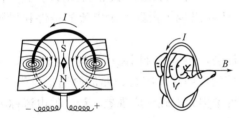

图 1-13 环形电流的磁场

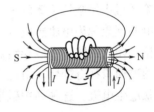

图 1-14 螺线管的磁场

通电螺线管可看成是多个环形电流串联而成的，其磁场方向也可以用右手定则确定。由图 1-14 可见，通电螺线管周围的磁场与条形磁体的磁场相似，磁感线的形状也相似。

与天然磁铁相比，电流磁场的强弱和有无易于调节和控制，因此在实践中有着广泛的应用。电动机、发电机、电磁起重机、回旋加速器、磁悬浮列车等，都离不开电流的磁场。

（2）磁感应强度

垂直于磁场方向的通电导线所受到的磁场作用力，等于导线中的电流强度、导线的长度和磁场的磁感应强度三者的乘积。

$$F=BIL$$

如果电流方向不跟磁场方向垂直，而跟磁场方向成任意角度，则可把 B 分解成跟导线平行的 $B_{\parallel}$ 和跟导线垂直的 $B_{\perp}$，如图 1-15 所示。因只有 $B_{\perp}$ 使导线受到磁场的作用，故可用 $B_{\perp}$ 代替 B 计算安培力。因为 $B_{\perp}=B\sin\theta$，所以

$$F=BIL\sin\theta$$

上式表明，安培力的大小等于电流强度 I、导线长度 L、磁感强度 B 以及 I 和 B 的夹角 θ 的正弦的乘积，这个结论称为安培定律。

显然当 $\theta=90°$ 时，安培力最大；当 $\theta=0°$ 时，即导线跟磁场方向平行时，安培力是零。

磁场对通电导体的作用力 F 的方向可用左手定则确定，如图 1-16 所示。伸开左手，使

大拇指跟其余四指垂直，且在一个平面内，让磁感线垂直穿入手心，使四指指向电流的方向，那么大拇指所指的方向，就是通电导线所受安培力的方向。如果通电导线跟磁场方向不垂直，可把 B 分解成跟导线平行的 $B_{//}$ 和跟导线垂直的 $B_{\perp}$。因为只有 $B_{\perp}$ 使导线受到力的作用，所以可用 $B_{\perp}$ 代替 B 应用左手定则判断导线所受安培力的方向。

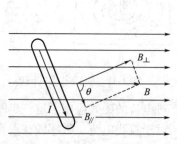

图 1-15　电流方向与磁场方向不垂直

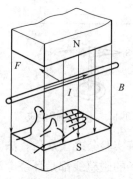

图 1-16　左手定则

（3）电磁感应

奥斯特实验表明，电流可以产生磁场，反之磁场能否产生电流呢？当时不少物理学家都开始探索如何利用磁体产生电流。但在相当长的时间内，都没取得预期的结果。英国物理学家法拉第经过十年坚持不懈的努力，终于在 1831 年发现了由磁产生电流的条件和规律。由磁产生电的现象称为电磁感应现象。

不论是闭合回路中一段导线做切割磁感线运动，还是闭合回路中磁场发生变化，穿过闭合回路的磁通量都有变化。由此可以得出如下结论：当穿过闭合回路的磁通量发生变化时，电路中就产生电流。这种利用磁场产生电流的现象称为电磁感应现象，产生的电流称为感应电流。

闭合电路中一部分导体做切割磁感线运动时产生感应电流的方向可用右手定则确定，伸开右手，使拇指与其余四指垂直，且在同一水平面内，让磁感线垂直穿入手心，大拇指指向导体运动方向，则四指所指的方向就是导线中感应电流的方向，如图 1-17 所示。

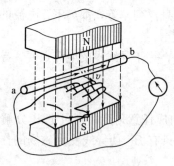

图 1-17　右手定则

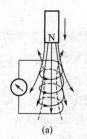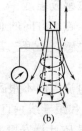

（a）　　　　（b）

图 1-18　观察磁通量变化产生的感应电流

（4）楞次定律

当磁铁插入线圈时，穿过线圈的磁通量增加，这时产生的感应电流的磁场方向跟磁铁的磁场方向相反，阻碍线圈中原磁通量的增加，如图 1-18 中（a）所示。当磁铁从线圈中拔出时，穿过线圈的磁通量减小，这时产生的感应电流的磁场方向跟磁铁的磁场方向相同，阻碍线圈中磁通量的减少，如图1-18中（b）所示。

当穿过闭合电路的磁通量增加时，感应电流的磁场方向总是与原来的磁场方向相反，阻碍磁通量的增加；当穿过闭合电路的磁通量减少时，感应电流的磁场总是跟原来的磁场方向相同，阻碍磁通的减少。因此可得出如下规律：感应电流具有这样的方向，其磁场总是要阻碍引起感应电流的磁通量的变化。该规律最早是由俄国物理学家楞次在大量实验的基础上总结归纳出的，故称之为楞次定律。

1.6 交流电

大小和方向都不随时间变化的电流，称为直流电流，简称为直流。除直流外，还有一种大小和方向随时间做周期性变化的电流，叫做交变电流，简称交流。交变电流和直流电流相比有许多优点，它可用变压器升降便于传输，可驱动结构简单、运行可靠的感应电机，因此在工农业生产和日常生活中被广泛使用。

(1) 交流电的产生

如图1-19所示，是一个旋转电枢式交流发电机的模型，它由定子和转子两部分组成。静止部分称为定子，是用来产生匀强磁场的；运动部分称为转子，由线圈abcd和滑环组成。当线圈在匀强磁场中匀速转动时，可以观察到电流表的指针随线圈的转动而摆动，且线圈每转一周，指针左右摆动一次。这说明转动的线圈中有大小和方向都随时间做周期性变化的感应电流。

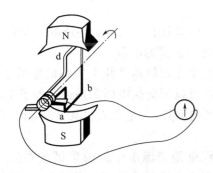

图1-19 旋转电枢式交流发电机模型

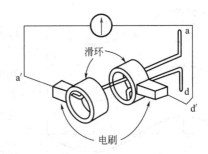

图1-20 交流发电机的构造

如图1-20所示，在线圈的转动轴上安装两个铜滑环，两个滑环彼此绝缘，和转动轴也都相互绝缘。把线圈两个头分别焊在两个滑环上，两个滑环分别和金属电极接触，这两个电极叫做电刷。电刷上有接线柱 a'、d' 连着外电路，这样线圈产生的感应电流就可以经过滑环和电刷送到外电路中去，供用电器使用。这种能产生交流电的发电机叫做交流发电机。

(2) 交流电的变化规律

为了便于对交流电作定量研究，图1-21中标 a 的小圆圈表示线圈 ab 边的横截面，标 d 的小圆圈表示 cd 边的横截面。

设线圈平面从中性面开始匀速转动，角速度为 ω，经过时间 t，线圈转过的角度为 $\theta = \omega t$，ab 边的线速度 v 的方向与磁感线的夹角也等于 ωt。设 $ab = cd = L$，磁感应强度为 B，ab 边的感应电动势

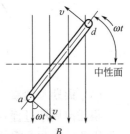

图1-21 交流电的变化规律

就是

$$e=BLv\sin\theta$$

由于 cd 中的感应电动势与 ab 中的相同，且两者是串联的，所以这一瞬间整个线圈中的感应电动势大小为

$$e=2BLv\sin\theta$$

若线圈为 N 匝，则有

$$e=2NBLv\sin\theta$$

令 $E_m=2NBLv$，则有

$$e=E_m\sin\omega t$$

上式反映了在匀强磁场中匀速转动的线圈产生感应电动势随时间变化的函数关系，又叫做感应电动势的函数式或瞬时值。式中 E_m 是感应电动势的最大值。

如果线圈是封闭的，可根据欧姆定律求得线圈里的感应电流的函数式。若回路的总电阻为 R，则电流的瞬时值为

$$i=\frac{e}{R}=\frac{E_m}{R}\sin\omega t$$

式中，E_m/R 为电流的最大值，用 I_m 表示，即

$$i=I_m\sin\omega t$$

可见，感应电流也是按正弦规律变化的。此时，电路中某一电阻上的电压瞬时值同样也是按正弦规律变化的，即

$$u=U_m\sin\omega t$$

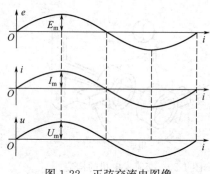

图 1-22 正弦交流电图像

其中电压的瞬时值 $u=iR'$，电压的最大值 $U_m=I_mR'$，R' 为该段回路的电阻。

交流电的变化规律除了用上述瞬时值数学表达式描述外，也可以用交流电图像描述。如图 1-22 是正弦交流电的电动势 e、电流 i 和电压 u 随时间变化的图像。

正弦交流电是交流电中最简单最基本的一种，在日常生活和生产活动中被广泛地使用。实际应用中的交流电，不限于正弦交流电，它们随时间变化的规律是各种各样的。图 1-23 中给出了几种常见的交流电的波形。

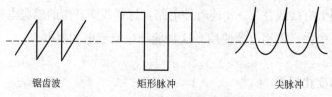

锯齿波　　　　　矩形脉冲　　　　　尖脉冲

图 1-23　常见的交流电的波形图

(3) 周期和频率

跟任何周期过程一样，交流电也可用周期或频率来表示变化的快慢。人们把交流电完成一次周期性变化所需的时间，叫做交流电的周期，通常用 T 表示，单位是秒（s）。交流电在 1s 内完成周期性变化的次数，叫做交流电的频率，通常用 f 表示，单位是赫兹（Hz）。

根据定义，周期和频率的关系是

$$T = \frac{1}{f}$$

瞬时表达式中的 ω，对交流电来说，称为角频率。ω 与 T 或 f 的关系为

$$\omega = \frac{2\pi}{T} = 2\pi f$$

交流电周期可以根据角频率求出，即

$$T = \frac{2\pi}{\omega}$$

我国工农业生产和生活用的交流电，周期是 0.02s，频率是 50Hz，电流方向每秒钟改变 100 次。

(4) 最大值和有效值

交流电在一个周期内所能达到的最大数值，可以用来表示交流电的电流强弱或电压高低，在实际应用中有着重要的意义。例如把电容器接在交流电路中，就需要知道交流电压的最大值。电容器所能承受的电压要高于交流电压的最大值，否则电容器就可能被击穿。但是，交流电的最大值不适合用来表示交流电产生的效果。在实际应用中通常用有效值来表示交流电的大小。

交流电的有效值是根据电流的热效应来规定的。让交流电和直流电通过相同阻值的电阻，如果它们在相同的时间内产生的热量相等，就把这一直流电的数值叫做交流电的有效值。通常用 E、I、U 分别表示交流电的电动势、电流和电压的有效值。

计算表明，正弦交流电的有效值与最大值之间有如下的关系：

$$E = E_m \sin\omega t$$
$$I = I_m \sin\omega t$$
$$U = U_m \sin\omega t$$

人们通常说家庭电路的电压 220V、动力供电线路的 380V，都是指有效值。各种使用交流电的电气设备上所标的额定电压和额定电流的数值，一般交流电流表和交流电压表测量的数值，也都是有效值。

第2章

电子技术基础知识

2.1 电阻器

电阻器是电子电路中最常用的元器件之一，电阻器简称电阻。电阻器用来调节和稳定电路中电流、电压，作分流器和分压器用，或作为消耗电能的负载电阻。

(1) 电阻器的类型

电阻器从结构上可分为固定电阻器和可变电阻器两大类，常见电阻器外形和图形符号如图 2-1 所示。根据电阻器的使用场合不同，可分为精密电阻器、大功率电阻器、高频电阻器、高压电阻器、热敏电阻器、光敏电阻器、熔断电阻器等。

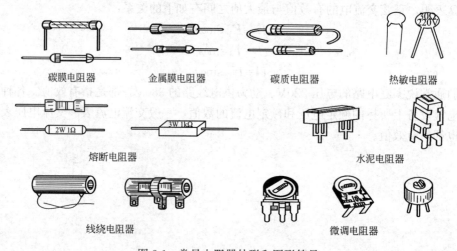

碳膜电阻器　　　金属膜电阻器　　　碳质电阻器　　　热敏电阻器

熔断电阻器　　　　　　　　　　　　水泥电阻器

线绕电阻器　　　　　　　　　　微调电阻器

图 2-1　常见电阻器外形和图形符号

(2) 标称阻值

为了表示阻值的大小，电阻器在出厂时会在表面标注阻值。标注在电阻器上的阻值称为标称阻值。电阻器的实际阻值与标称阻值往往有一定的差距，这个差距称为误差。电阻器标称阻值和误差的标志方法有下列 3 种。

① 直接标志法　将电阻器的阻值和误差等级直接用数字印在电阻器上。对小于 1000Ω 的阻值只标出数值，不标单位；对 kΩ、MΩ 只标注 k、M；精度等级标 I 级或 II 级，III 级不标明。

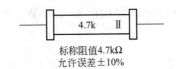

标称阻值4.7kΩ
允许误差±10%

② 文字符号法　将需要标志的主要参数与技术指标用文字和数字符号有规律地标志在产品表面上，如欧姆用 Ω 表示，千欧用 k 表示，兆欧（$10^6\Omega$）用 M 表示，吉欧（$10^9\Omega$）用 G 表示，太欧（$10^{12}\Omega$）用 T 表示。

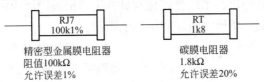

精密型金属膜电阻器　　　　　　碳膜电阻器
阻值100kΩ　　　　　　　　　　1.8kΩ
允许误差1%　　　　　　　　　　允许误差20%

③ 色环标志法　对体积很小的电阻和一些合成电阻器，其阻值和误差常用色环来标注，如表 2-1 所示。色环标志法有 4 环和 5 环两种。4 环电阻的第 1 道环和第 2 道环分别表示电阻的第 1 位和第 2 位有效数字，第 3 道环表示 10 的乘方数（10^n，n 为颜色所表示的数字），第 4 道环表示允许误差（若无第 4 道色环，则误差为±20%）。色环电阻器的单位一律为 Ω。

表 2-1　电阻器的色环标志法

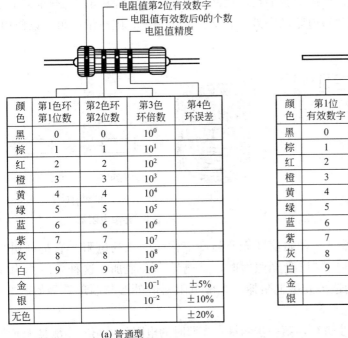

颜色	第1色环第1位数	第2色环第2位数	第3色环倍数	第4色环误差
黑	0	0	10^0	
棕	1	1	10^1	
红	2	2	10^2	
橙	3	3	10^3	
黄	4	4	10^4	
绿	5	5	10^5	
蓝	6	6	10^6	
紫	7	7	10^7	
灰	8	8	10^8	
白	9	9	10^9	
金			10^{-1}	±5%
银			10^{-2}	±10%
无色				±20%

(a) 普通型

颜色	第1位有效数字	第2位有效数字	第3位有效数字	倍数	允许偏差
黑	0	0	0	10^0	
棕	1	1	1	10^1	±1%
红	2	2	2	10^2	±2%
橙	3	3	3	10^3	
黄	4	4	4	10^4	
绿	5	5	5	10^5	±0.5%
蓝	6	6	6	10^6	±0.25%
紫	7	7	7	10^7	±0.1%
灰	8	8	8	10^8	
白	9	9	9	10^9	
金				10^{-1}	
银				10^{-2}	

(b) 精密型

现在普遍使用的是精密电阻器，精密电阻器一般用 5 道色环标注，它用前 3 道色环表示 3 位有效数字，第 4 道色环表示 10^n（n 为颜色所代表的数字），第 5 道色环表示阻值的允许误差。

采用色环标志的电阻（位）器，颜色醒目，标志清晰，不易退色，从不同的角度都能看清阻值和允许偏差。目前，在国际上都广泛采用色环标志法。

(3) 额定功率

电阻器在交直流电路中长期连续工作所允许消耗的最大功率，称为电阻器的额定功率。

电阻器的额定功率共分为 19 个等级，常用的有 0.05W、0.125W、0.25W、0.5W、1W、2W、5W、10W、20W 等。

（4）敏感电阻器

敏感电阻器是指对温度、电压、湿度、光通量、气体流量、磁通量和机械力等外界因素表现得比较敏感的电阻器。这类电阻器既可以作为把非电量变为电信号的传感器，也可以完成自动控制电路的某种功能。

敏感电阻器在工业自动化、系统智能化和日常生活中被广泛应用。常用的敏感电阻器有热敏电阻器、光敏电阻器、压敏电阻器和湿敏电阻器。

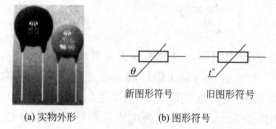

(a) 实物外形　　　(b) 图形符号
新图形符号　　旧图形符号

图 2-2　热敏电阻器

① 热敏电阻器　热敏电阻器是指阻值随温度变化而变化的电阻，热敏电阻器分正温度系数热敏电阻（用字母 PTC 表示）和负温度系数热敏电阻（用字母 NTC 表示）两大类。热敏电阻器的外形与图形符号如图 2-2 所示。

热敏电阻器上标称的阻值一般是指在 25℃条件下所呈现的阻值。用万用表检测热敏电阻的好坏：用电烙铁靠近热敏电阻对其加热，观察万用表指针在热敏电阻加热前后的变化情况，若指针无明显变化，则热敏电阻已失效；若指针变化明显，则热敏电阻可以使用。热敏电阻的检测如图 2-3 所示。

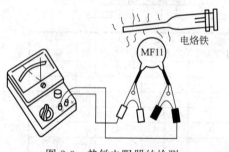

图 2-3　热敏电阻器的检测

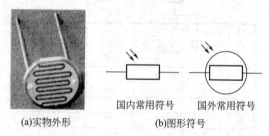

(a) 实物外形　　(b) 图形符号
国内常用符号　　国外常用符号

图 2-4　光敏电阻器

② 光敏电阻器　光敏电阻器是一种阻值随光照强度变化而变化的电阻。它是利用半导体的光电导效应而制成的。某些物质受光照射时，其电导率会增加，这种效应称为光电导效应，利用这种效应可以制造出光敏电阻器。光敏电阻器的外形与图形符号如图 2-4 所示。

检测光敏电阻器时，需分两步进行，第一步测量有光照时的电阻值，第二步测量无光照时的电阻值。两者相比较有较大差别，通常光敏电阻器有光照时电阻值为几千欧（此值越小说明光敏电阻器性能越好）；无光照时电阻值大于 1500kΩ，甚至无穷大（此值越大说明光敏电阻器性能越好）。光敏电阻器的检测如图 2-5 所示。

③ 压敏电阻器　压敏电阻器是一种很好的固态保险元件，常用于过压保护电路、消火花电路、能量吸收回路和防雷电路中。当压敏电阻器两端电压较小时，压敏电阻器的阻值很大，流过它的电流几乎为零；当其两端电压增加到某一值时，压敏电阻器的阻值急剧减小，流过它的电流急剧增大，电路中保险丝就会熔断，起到保护电路的作用。压敏电阻器的外形

(a) 有光照时的检测　　　　　　　　　　　　(b) 无光照时的检测

图 2-5　光敏电阻的检测

与图形符号如图 2-6 所示。

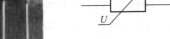　　　　　

(a) 实物外形　　　　(b) 图形符号　　　　　　(a) 压敏电阻已损坏　　　(b) 压敏电阻正常

图 2-6　压敏电阻器　　　　　　　　　　　图 2-7　压敏电阻器的检测

　　用万用表的 R×10k 挡测量压敏电阻器的好坏，其阻值一般为无穷大。若检测两引脚之间的正、反向绝缘电阻均为无穷大，说明压敏电阻器正常；若所测电阻很小，说明压敏电阻器已损坏，不能使用。压敏电阻器的检测如图 2-7 所示。

（5）电阻器的检测

　　检测电阻的方法有直观法和测量法。直观法是用肉眼直接观察电阻，看有无烧焦、烧黑、断脚以及帽头松脱现象。测量法是指用万用表测量电阻的阻值，看其阻值是否正常。

　　① 固定电阻的检测　如图 2-8 所示，根据被测电阻标称值的大小选用万用表电阻挡的适当量程，将万用表红黑表笔分别与电阻的两端引脚相接即可测出实际电阻值。

图 2-8　固定电阻的检测

　　检测注意事项如下。

　　a. 测试时，特别是在测几十千欧以上阻值的电阻时，手不要触及表笔和电阻的导电部分；

　　b. 被检测的电阻从电路中焊下来，至少要焊开一个头，以免电路中的其他元件对测试产生影响，造成测量误差；

　　c. 色环电阻的阻值虽然能以色环标志来确定，但在使用时最好还是用万用表测试一下其实际阻值。

　　② 电位器的检测

　　a. 标称阻值的检测。电位器测量如图 2-9 所示，将万用表的红、黑表笔分别接在定片引脚（即两边引脚）上，万用表读数应为电位器的标称阻值。如万用表读数与标称值相差很多，则表明该电位器已损坏。

图 2-9　电位器标称阻值测量

图 2-10　电位器变化阻值的测量

b. 检测电位器的好坏。当电位器的标称阻值正常时，再测量其变化阻值及活动触点与电阻体（定触点）接触是否良好。此时用万用表的一支表笔接在动触点引脚（通常为中间引脚）上，另一表笔接在一定触点引脚（两边引脚）上。接好表笔后，万用表应显示为零或为标称阻值，再将电位器的转轴从一个极端位置旋转至另一个极端的位置，阻值应从零（或标称阻值）连续变化到标称阻值（或零）。在电位器的轴柄转动或滑动过程中，若万用表的指针平稳移动或显示的示数均匀变化，则说明被测电位器良好；旋转轴柄时，万用表阻值读数有跳动现象，则说明被测电位器活动触点有接触不良的故障。电位器变化阻值的测量如图 2-10 所示。

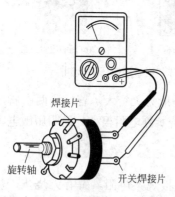

焊接片

旋转轴

开关焊接片

图 2-11　万用表测量开关电位器

c. 带开关电位器的检测。旋转电位器轴柄，检查开关是否灵活，接通、断开时是否有清脆的"喀哒"声。如图 2-11 所示，用万用表 R×1 挡，两表笔分别在电位器开关的两个外接焊片上，旋转电位器轴柄，使开关接通，万用表上指示的电阻值应由无穷大（∞）变为 0Ω。再关断开关，万用表指针应从 0Ω 返回"∞"处。测量时应反复接通、断开电位器开关，观察开关每次动作的反应。若开关在"开"的位置阻值不为 0Ω，在"关"的位置阻值不为无穷大，则说明该电位器的开关已损坏。

2.2　电容器

电容器是一种能够储存电能的元件。电容器在电路中具有隔直流、通交流的特点，因此常用于级间耦合、滤波、去耦、旁路、信号调谐及与电感元件组成振荡电路等方面。

（1）电容器的类型

电容器按结构可分为固定电容器和可变电容器，可变电容器又有半可变（微调）电容器和全可变电容器之分。电容器按材料介质可分为气体介质电容器、纸介电容器、有机薄膜电容器、瓷介电容器、云母电容器、玻璃釉电容器、电解电容器、钽电容器等。电容器还可分为有极性和无极性电容器。常见电容器的外形和图形符号如图 2-12 所示。

（2）电容器的主要参数

电容器的主要参数有两个：容量和额定耐压。在电容器上标注的电容量值，称为标称容量。电容器的标称容量与其实际容量之差，再除以标称值所得的百分比，就是允许误差。误

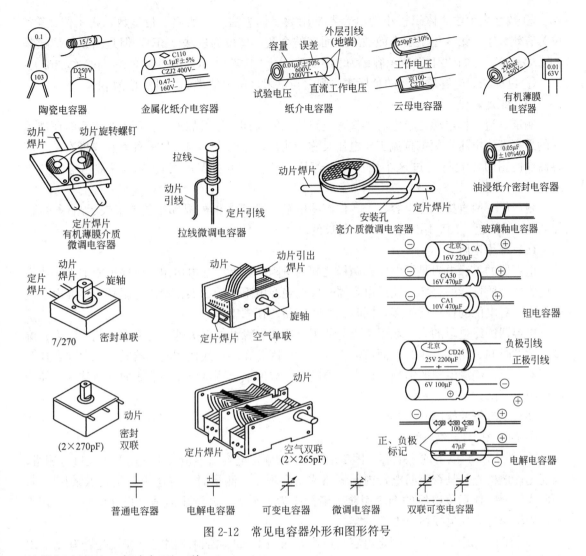

图 2-12 常见电容器外形和图形符号

差的标志方法一般有如下 3 种。

① 将容量的允许误差直接标志在电容器上。

② 用罗马数字Ⅰ、Ⅱ、Ⅲ分别表示±5%、±10%、±20%。

③ 用英文字母表示误差等级，如用 J、K、M、N 分别表示±5%、±10%、±20%、±30%；用 D、F、G 分别表示±0.5%、±1%、±2%；用 P、S、Z 分别表示±100%～0%、±50%～20%、±80%～20%。

(3) 电容器容量的标志方法

电容器的容量标志方法有如下 4 种。

① 直标法。在产品的表面上直接标志出产品的主要参数和技术指标的方法，如在电容器上标志：$33\mu F\pm5\%$、32V。

② 文字符号法。将需要标志的主要参数与技术性能用文字、数字符号有规律地标志在产品的表面上。采用文字符号法时，将容量的整数部分写在容量单位标志符号前面，小数部分放在单位符号后面，如：3.3pF 标志为 3p3，1000pF 标志为 1n，6800 标志为 6n8，$2.2\mu F$ 标志为 2μ。

③ 数字表示法。体积较小的电容器常用数字标志法，一般用 3 位整数，第 1 位、第 2 位为有效数字，第 3 位表示有效数字后面零的个数，单位为皮法（pF），但是当第 3 位数是 9 时表示 10^{-1}，如"243"表示容量为 24000pF，而"339"表示容量为 33×10^{-1} pF（3.3pF）。

④ 色标法。电容器容量的色标法原则上与电阻（位）器类似，其单位为 pF。

（4）额定耐压

额定直流工作电压是指电容器接入电路后，能长期连续可靠地工作而不被击穿时所能承受的最高直流电压。额定直流工作电压又称为耐压，它的大小与介质的种类和厚度有关。电容器在使用时不允许超过这个耐压值，若超过此值，电容器就可能损坏或被击穿，甚至爆裂。

耐压值一般直接标在电容器上，但有些电解电容器在正极根部用色点来表示耐压等级，如 6.3V 用棕色，10V 用红色，16V 用灰色。

（5）绝缘电阻

电容器的绝缘电阻是指电容器两极之间的电阻，或者叫漏电电阻。绝缘电阻的大小决定于电容器介质性能的好坏。使用电容器时应选绝缘电阻大的，因为绝缘电阻越小，漏电电流就越大，对电能的损耗就越多，同时也影响电路的正常工作。

电容器绝缘电阻的大小除了主要与所用介质的绝缘性能有关外，与制造工艺、温度、湿度、测试时间、测试电压及表面清洁程度有关。因此在测试或使用电容器时，也要注意这些因素对电容器绝缘电阻的影响。通常，温度高、湿度大、测试电压高和表面不清洁都会使绝缘电阻值下降。

（6）电容器的检测

① 固定电容器的检测

a. 检测 10pF 以下的小电容。因 10pF 以下的固定电容器容量太小，用万用表进行测量，只能定性地检查其是否有漏电，内部短路或击穿现象。测量时，可选用万用表 R×10k 挡，用两表笔分别任意接电容的两个引脚，阻值应为无穷大。若测出阻值（指针向右摆动）为零，则说明电容漏电损坏或内部击穿。

b. 检测 10pF～0.01μF 固定电容。可用万用表 R×1k 挡检测固定电容器是否有充电现象，进而判断其好坏。两个三极管的 β 值均为 100 以上，且穿透电流要小，如图 2-13 所示。可选用 3DG6 等型号硅三极管组成复合管。万用表的红黑表笔分别与复合管的发射极 E 和集电极 C 相接。由于复合三极管的放大作用，把被测电容的充放电过程予以放大，使万用表指针摆幅加大，从而便于观察。

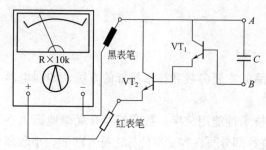

图 2-13　检测 10pF～0.01μF 固定电容

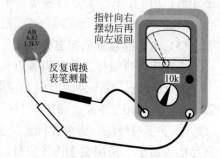

图 2-14　检测 0.01μF 以上的固定电容

应注意的是：在测试操作时，特别是在测较小容量的电容时，要反复调换被测电容引脚

接触 A、B 两点，才能明显地看到万用表指针的摆动。

c. 检测 $0.01\mu F$ 以上的固定电容。如图 2-14 所示，用万用表的 R×10k 挡直接测试电容器有无充电过程以及有无内部短路或漏电，并可根据指针向右摆动的幅度大小估计出电容器的容量。若表针向右摆后又退回到∞，则为正常；如退不到∞而停在某一数值上，该数值就是电容器的漏电电阻；若为零，则表明电容器已击穿；若表针不动，则表明电容器内部开路。

② 电解电容器的检测　测量时，应针对不同容量选用合适的量程。根据经验，一般情况下，$1\sim47\mu F$ 间的电容，可用 R×1k 挡测量，大于 $47\mu F$ 的电容可用 R×100 挡测量。

a. 判别电解电容器极性。用万用表 R×100 挡或 R×1k 挡测量电解电容器，即先任意测一下漏电电阻，记住其大小，然后交换表笔再测出一个阻值。两次测量中阻值大的那一次便是正向接法，即黑表笔接的是正极，红表笔接的是负极。

b. 判断电解电容器质量好坏。将万用表红表笔接负极，黑表笔接正极，在刚接触的瞬间，万用表指针即向右偏转较大偏度，接着逐渐向左回转到无穷大，说明电容器良好。若停在某一位置，此时的阻值便是电解电容的正向漏电电阻，此值略大于反向漏电电阻。检测电解电容器质量好坏如图 2-15 所示。

图 2-15　检测电解电容器

实际使用经验表明，电解电容的漏电电阻一般应在几百千欧以上，否则，将不能正常工作。在测试中，若正向、反向均无充电的现象，即表针不动，则说明容量消失或内部断路；如果所测阻值很小或为零，说明电容漏电严重或已击穿损坏，不能再使用。

③ 可变电容器的检测

a. 用手轻轻旋动转轴，应感觉十分平滑，不应感觉有时松时紧甚至卡滞现象。将转轴向前、后、上、下、左、右等各个方向推动时，转轴不应有松动的现象。

b. 用一只手旋动转轴，另一只手轻摸动片组的外缘，不应感觉有任何松脱现象。转轴与动片之间接触不良的可变电容器，是不能再继续使用的。

c. 将万用表置于 R×10k 挡，检测方法如图 2-16 所示。一只手将两支表笔分别接可变电容器的动片和定片的引出端，另一只手将转轴缓缓旋动几个来回，万用表指针都应在无穷大位置不动。在旋动转轴的过程中，如果指针有时指向零，说明动片和定片之间存在短路点；如果转到某一角度，万用表读数不为无穷大而是出现一定阻值，说明可变电容器动片与定片之间存在漏电现象。

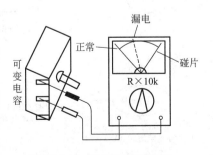

图 2-16　检测可变电容器

2.3 电感器

电感器是一种储能元件，能把电能转换为磁场能，在电路中有阻止交流电通过、让直流电顺利通过的特点。电感器在电路中常用于交流信号的扼流、电源滤波、谐振选频等。

(1) 电感器的类型

电感器的种类很多，而且分类方法也不一样，通常按电感器的形式分有固定电感器、可变电感器、微调电感器、色码电感器、集成电感器等。常见电感器的外形和图形符号如图 2-17 所示。

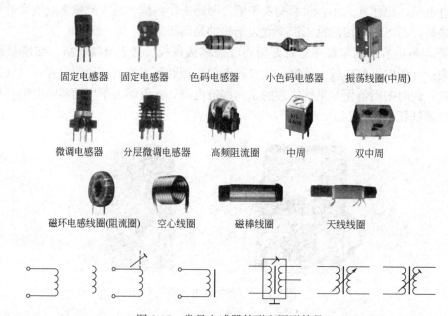

图 2-17 常见电感器外形和图形符号

(2) 电感器的主要参数

① 电感量 电感量也叫自感系数，是表示线圈产生自感应能力的一个物理量，大小决定于线圈匝数、线径、几何尺寸和介质等，用 L 表示，简称电感。

② 误差 误差是指电感器上标称电感量与实际电感量的差距。对于精度要求高的电路，电感器的允许误差范围通常为 $\pm0.2\%\sim\pm0.5\%$，一般的电路可采用误差为 $\pm10\%\sim\pm15\%$ 的电感器。

③ 参数标注方法 电感器的参数标注方法主要有直标法、色标法和数码法。

a. 直标法。直标法指在固定电感线圈的外壳上直接用文字标出电感量、误差值、最大直流工作电流等参数。图 2-18 列出了几个采用直标法标注的电感器。

在标注电感量时，通常会将电感量值及单位直接标出。在标注误差时，分别用 Ⅰ、Ⅱ、Ⅲ 表示 $\pm5\%$、$\pm10\%$、$\pm20\%$。在标注

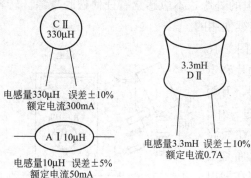

图 2-18 电感器的直标法

额定电流时，用 A、B、C、D 和 E 分别表示 50mA、150mA、300mA、0.7A 和 1.6A。

图 2-18 中所示的电感器外壳上标有 3.3mH、D、Ⅱ 等字样，则表示其电感量为 3.3mH，误差为Ⅱ级（±10%），最大工作电流为 D 挡（0.7A）。

b. 色标法。色标法是采用色点或色环标在电感器上来表示电感量和误差的方法。色码电感器采用色标法标注，第一、二道色环表示电感量的前两位有效数字，第三道色环表示倍率，第四道表示允许误差。数字与颜色的对应关系和电阻色环标志法相同，单位为 μH。色码电感器的识别如图 2-19 所示。

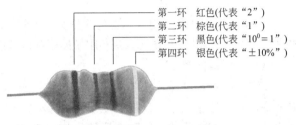

第一环　红色(代表"2")
第二环　棕色(代表"1")
第三环　黑色(代表"$10^0=1$")
第四环　银色(代表"±10%")

电感量为21×1μH×(1±10%)=21μH×(90%～110%)

图 2-19　色码电感器参数的识别

图 2-19 中所示的色码电感器上标注"红棕黑银"表示电感量为 21μH，误差为±10%。

c. 数码法。标称电感值采用 3 位数字表示，前 2 位数字表示电感值的有效数字，第 3 位数字表示 0 的个数，小数点用 R 表示，单位为 μH。

(3) 额定电流

电感器正常工作时，允许通过的最大电流即为额定电流。若工作电流大于额率电流，电感器会因发热而改变其参数，甚至烧毁。

(4) 电感器的检测

① 外观　检查电感器，应首先检查其外形是否端正，外表是否完好无损。例如，磁性材料有无裂缝、缺损，金属屏蔽罩有无凹痕、是否腐蚀氧化，接线是否断裂，标志是否完整清晰，线圈绕组是否清洁干燥、有无发霉现象，铁芯是否氧化，绝缘漆是否完好、有无剥落现象等。对可调磁芯的电感器，应检查磁芯旋转是否轻松且不打滑（对中周等应先记下磁芯准确的位置，以便检查后复原）。

② 电感元件的检测　电感在使用过程中，常会出现断路、短路等现象，可通过测量和观察来判断。利用万用表 R×1 挡（或 R×10 挡）很容易判断电感是否断路或短路，有些电感可通过观察其表面来判断好坏。

a. 色码电感器的检测。如图 2-20 所示，将万用表置于 R×1 挡，红、黑表笔各接色码电感器的任一引出端，此时指针应向右摆动。根据测出的电阻值大小，判断电感器的好坏。

电感器

图 2-20　检测色码电感器

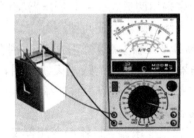

图 2-21　检测中周变压器

- 被测色码电感器电阻值为零，其内部有短路性故障。
- 被测色码电感器直流电阻值的大小与绕制电感器线圈所用的漆包线径、绕制圈数有直接关系，只要能测出电阻值，则可认为被测色码电感器是正常的。

b. 中周变压器的检测。如图 2-21 所示，将万用表拨至 R×1 挡，按照中周变压器的各绕组引脚排列规律，逐一检查各绕组的通断情况，进而判断其是否正常。

2.4 变压器

变压器可用于电压、电流和阻抗的变换，还有隔离、移相、稳压等功能。在电子电气产品中普遍使用变压器提供整机电源、进行阻抗匹配和信号耦合，其中使用较多的是单相电源变压器。

(1) 变压器的类型

按铁芯结构，分插片铁芯、C 形铁芯和铁氧体芯；按线圈结构，分芯式、壳式、环式；按用途，分电源变压器、自耦调压器、音频变压器、中频变压器、高频变压器和脉冲变压器等几种。常见变压器的外形和图形符号如图 2-22 所示。

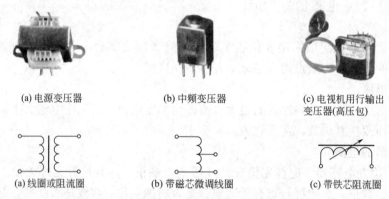

(a) 电源变压器　　　　　(b) 中频变压器　　　　　(c) 电视机用行输出
　　　　　　　　　　　　　　　　　　　　　　　变压器(高压包)

(a) 线圈或阻流圈　　　(b) 带磁芯微调线圈　　　(c) 带铁芯阻流圈

图 2-22　常见变压器外形和图形符号

① 电源变压器　是低频变压器的一种，在电子电气设备中的作用是把 220V 交流电变换成各种高低不同的交流电压，即主要起变换交流电压和电流的作用。

② 音频变压器　是低频变压器，作用是实现阻抗匹配和不失真传送信号功率、信号电压。在脉动直流电路中使用时，既能变换阻抗，又能隔直流，如输入变压器、输出变压器、线间变压器、级间变压器等。

③ 中频变压器　也叫中周变压器，简称中周。它与电容组成谐振回路，在电路中起选频和耦合的作用。中频变压器在很大程度上决定了整机的灵敏度、选择性和通频带等技术指标。目前多采用调感式。中频变压器又可分为单调谐回路和双调谐回路两种。双调谐回路有电容耦合式和电感耦合式两种。

④ 高频变压器　高频变压器又称耦合线圈或调谐线圈，其电感量很小。天线线圈属于高频变压器，还有一种调感式天线线圈，是靠调节旋转骨架中间的磁芯位置来改变电感量的。高频变压器中，还有一种叫振荡变压器，又叫振荡线圈，在收音机变频电路中，与可变电容组成谐振回路。

⑤ 行输出变压器　行输出变压器又称行逆程变压器，俗称高压包。它接在电视机行扫描输出级上，将行逆程反峰电压经升压整流、滤波，为显像管提供阳极高压、加速极电压、聚焦极电压，以及其他电路所需直流电压。

(2) 变压器的主要参数

变压器在规定的使用环境和运行条件下，主要技术数据一般都标注在变压器的铭牌上。

主要包括：额定电压、额定电流、额定功率、额定容量、阻抗电压、空载电流、空载损耗和负载损耗等。

① 额定电压　额定电压指变压器长时间运行时所能承受的工作电压。为适应电网电压变化的需要，变压器高压侧都有分接抽头，通过调整高压绕组匝数来调节低压侧输出电压。

② 额定电流　额定电流指变压器在额定容量下，允许长期通过的电流。

③ 额定功率　额定功率指在规定的频率和电压下，变压器能长期工作而不超过规定温升时的输出功率，单位用伏·安（V·A）表示。

④ 额定容量　额定容量指变压器在铭牌规定条件下，以额定电压、额定电流连续运行时所输送的容量。

⑤ 阻抗电压　阻抗电压指把变压器的二次绕组短路，一次绕组慢慢升高电压，当二次绕组的短路电流等于额定值时，此时一次侧所施加的电压。一般以额定电压的百分数表示。

⑥ 空载电流　空载电流指当变压器在额定电压下二次侧空载时，一次绕组中通过的电流。一般以额定电流的百分数表示。

⑦ 空载损耗　空载损耗指当以额定频率的额定电压施加在一个绕组的端子上，其余绕组开路时所吸取的有功功率。与铁芯硅钢片性能及制造工艺和施加的电压有关。

⑧ 负载损耗　负载损耗指把变压器的二次绕组短路，在一次绕组额定分接位置上通入额定电流，此时变压器所消耗的功率。

(3) 变压器的故障及检测

① 检测变压器开路故障　如图2-23所示，对于开路故障，用万用表的R×1挡（或R×10挡）可很容易地检测出来。若变压器的线圈匝数不多，则直流电阻很小，在零点几欧姆至几欧姆之间，随变压器规格而异；若变压器线圈匝数较多，则直流电阻较大。变压器开路是由线圈内部断线或引出端断线引起的。引出端断线是常见的故障，仔细观察即可发现。如果是引出端断线可以重新焊接，但若是内部断线则需要更换或重绕。

② 检测变压器短路故障　对于短路故障，可采用直观法、电阻测量法、电压测量法进行判断。电源变压器内部短路可通过空载通电进行检查，方法是切断电源变压器的负

图 2-23　检测变压器

载，接通电源，如果通电15～30min后温升正常，说明变压器正常；如果空载温升较高（超过正常温升），说明内部存在局部短路现象。

③ 变压器质量优劣的判断　判断变压器质量优劣的方法有空载电流测定法。在变压器初级串一个25W的灯泡，如果灯丝发红光，说明变压器空载电流很小，长时间工作温升不会很高；如果灯丝发弱黄光，说明变压器空载电流稍大，长时间工作会发热；如果灯丝发黄光，说明变压器只能短时间工作；如果灯丝发较亮的光，说明变压器有局部短路，这样的变压器不能使用。

2.5　二极管

半导体器件是近60年来发展起来的新型电子器件，具有体积小、重量轻、耗电省、寿命长、工作可靠等一系列优点，应用十分广泛。

(1) 二极管的结构、电路符号

二极管的内部结构如图 2-24(a) 所示。采用掺杂工艺，使锗或硅晶体的一边形成 P 型半导体区域，另一边形成 N 型半导体区域，在 P 型半导体与 N 型半导体的交界面会形成一个具有特殊电性能的薄层，即 PN 结。从 P 区引出的电极为正极（或阳极），从 N 区引出的电极为负极（或阴极）。二极管一般用金属、塑料或玻璃材料作为封装外壳，外壳上印有标记便于区

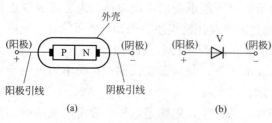

图 2-24　二极管的结构与电路符号

分正负电极。二极管的电路符号如图 2-24(b) 所示，箭头所指的方向为正向电流流通的方向，习惯用字母 V（或 VD）代表二极管。

(2) 二极管的类型

二极管的外包装材料有塑料、玻璃和金属 3 种。二极管按照结构材料可分为硅和锗两种；按制作与识别可分为点接触型和面接触型；按用途可分为整流二极管、稳压二极管、检波二极管、开关二极管、双向二极管、变容二极管、阻尼二极管、高压硅堆和敏感类二极管（光敏、温敏、压敏、磁敏等）。

常用二极管的外形如图 2-25 所示。

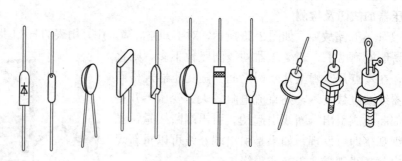

图 2-25　二极管外形

① 整流二极管　整流二极管主要用于把交流电变换成脉动的直流电。整流二极管的结构为面接触型，其结电容较大，因此，工作频率范围较窄（3kHz 以内）。常用的型号有 2CZ 型、2DZ 型等，还有用于高压和高频整流电路的高压整流堆，如 2CGL 型、DH26 型、2CL51 型等。

选择整流二极管时主要考虑其最大整流电流、最高反向工作电压是否满足要求。常用的硅桥（硅整流组合管）为 QL 型。

② 稳压二极管　稳压二极管又称齐纳二极管，通过半导体体内特殊工艺的处理之后，使它能够得到很陡峭的反向击穿特性，在电路中需要反接且在电源电压高于它的稳压值时才能稳压，加正向电压时性质与普通二极管相同。

稳压二极管的检测可通过使用万用表 R×100 或 R×1k 挡测量，正向电阻小、反向电阻接近或为无穷大；对于稳压值小于 9V 的稳压二极管，用万用表 R×10k 挡测反向电阻时，稳压二极管会被击穿，测出的阻值会变小。

③ 发光二极管　发光二极管能够发光，有红色、绿色和黄色等。常见普通发光二极管的外形及电路符号如图 2-26 所示。

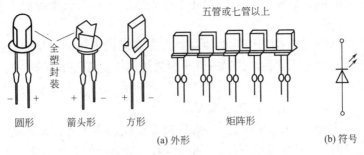

图 2-26 发光二极管外形及电路符号

　　用万用表 R×10k 挡测量发光二极管，两表笔轮换接触发光二极管的两引脚。若管子性能良好，必定有一次能正常发光，此时，黑表笔所接的为正极，红表笔所接的为负极。

　　发光二极管有两个引脚，通常长引脚为正极，短引脚为负极。因发光二极管呈透明状，所以管壳内的电极清晰可见，内部电极较宽较大的一个为负极，而较窄且小的一个为正极。

　　④ 红外接收二极管　常见的红外接收二极管外观颜色呈黑色。识别引脚时，面对受光窗口，从左至右，分别为正极和负极。另外，在红外接收二极管的管体顶端有一个小斜切平面，通常带有此斜切平面一端的引脚为负极，另一端为正极。红外接收二极管的外形，如图2-27 所示。

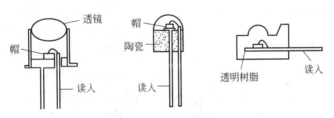

图 2-27 红外接收二极管的外形

　　用万用表 R×1k 挡测量红外接收二极管的正、反向电阻，若一次电阻值大，一次电阻值小，说明红外接收二极管是好的。以阻值较小的一次为准，红表笔所接的引脚为负极，黑表笔所接的引脚为正极。

　　用万用表电阻挡测量红外接收二极管正、反向电阻，根据正、反向电阻值的大小，可初步判定红外接收二极管的好坏。

　　⑤ 双向触发二极管　双向触发二极管是对称性的二端半导体器件。常用来触发双向晶闸管，在电路中作过压保护等用途。双向触发二极管的外形、结构及电路符号，如图 2-28 所示。

　　用万用表 R×1k 或 R×10k 挡，测量双向触发二极管正、反向电阻值。正常时其正、反向电阻值均应为无穷大。若测得正、反向电阻值均很小或为 0，则说明该二极管已击穿损坏。

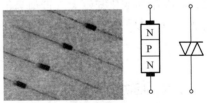

图 2-28 双向触发二极管的
外形、结构及电路符号

　　(3) 二极管的主要参数

　　① 最大整流电流 I_{FM} 指在长期使用时，二极管能通过的最大正向平均电流值。通过二极管的电流不能超过最大整流电流值，否则会烧坏

二极管。锗二极管的最大整流电流一般在几十毫安以下，硅二极管的最大整流电流可达数百安。

② 最大反向电流 I_{RM}　指二极管的两端加上最高反向电压时的反向电流值。反向电流大，则二极管的单向导电性能差，这样的管子容易烧坏，整流效率也差。硅二极管的反向电流约在 $1\mu A$ 以下，大的有几十微安，大功率的管子也有高达几十毫安的。锗二极管的反向电流比硅二极管大得多，一般可达几百微安。

③ 最高反向工作电压 U_{RM}（峰值）　指二极管在使用中所允许施加的最大反向峰值电压，它一般为反向击穿电压的 1/2～2/3。锗二极管的最高反向工作电压一般为数十伏以下，而硅二极管可达数百伏。

(4) 二极管的重要特性——单向导电性

① 加正向电压导通　如果将电源正极与二极管正极相连，电源负极与二极管负极相连，则称为正向偏置，简称正偏。此时二极管内部呈现较小的电阻，有较大电流通过，二极管的状态为正向导通状态。

② 加反向电压截止　如果将电源正极与二极管负极相连，电源负极与二极管正极相连，则称为反向偏置，简称反偏。此时二极管内部呈现较大的电阻，几乎无电流通过，二极管的状态为反向截止状态。由上可知，二极管加正偏压时导通，加反偏压时截止，即单向导电性，是二极管最重要的特性。

(5) 二极管的伏安特性

半导体器件的性能可用其伏安特性来描述，如图 2-29 所示。特性曲线可分为两部分：加正向偏置电压时的特性称为正向特性，加反向偏置电压时的特性称为反向特性。

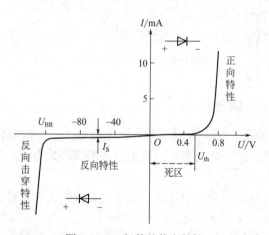

图 2-29　二极管的伏安特性

① 正向特性，当二极管正向偏置时的电压与电流特性。

死区：二极管的两端虽加正向电压，但因为此正向电压较小，二极管仍处于截止状态。死区电压（阈值电压）：锗管为 0.1V；硅管约为 0.5V。

正向导通区：当加在二极管两端的电压大于死区电压之后，二极管由截止变为导通，流过二极管的电流很快地上升，即二极管正向电流在相当大的范围内变化，而二极管两端电压的变化却不大（近似为恒压特性）。小功率的锗管为 0.2～0.3V，小功率的硅管为 0.6～0.7V。

② 反向特性，当二极管两端加反向电压时，二极管的特性。

反向截止区：当二极管两端加反向电压时，二极管截止，管中有较小的反向电流流过。

注意，反向电流具有两个特点：一是反向电流随着温度的上升而急剧增长；二是在一定的外加反向电压范围内，反向电流基本上不随反向电压的变化而变化（近似为恒流特性）。

反向击穿区：当加在二极管两端的反向电压大于某一电压时，反向电流突然上升，这种现象称为反向击穿。

（6）二极管极性的判断

通常可根据晶体二极管上标志的符号来判断，如标志不清或无标志，可根据二极管的正向电阻小、反向电阻大的特点，利用万用表的"欧姆"挡来判断极性。

① 观察外壳上的符号标记。通常在二极管的外壳上标有二极管的符号，带有三角形箭头的一端为负极，另一端是正极，如图 2-30 所示。

② 观察外壳上的色点。在点接触二极管的外壳上，一般标有色点（白色或红色）的一端为正极。还有的二极管上标有色环，带色环的一端则为负极，如图 2-30 所示。

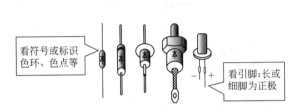

图 2-30 实物外形正负电极的识别

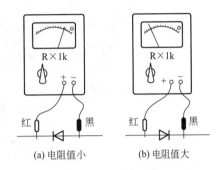

图 2-31 用万用表判断二极管的极性

③ 观察二极管的引脚。通常长或细脚为正极，如图 2-30 所示。

④ 如图 2-31 所示，将万用表拨到欧姆挡的 R×100 或 R×1k 挡上，将万用表的两支表笔分别与二极管的两个引脚相连，正反测量两次，若一次电阻值大（几十千欧～几百千欧），一次电阻值小（硅管为几百～几千欧，锗管为 100～1kΩ），说明二极管是好的，以阻值较小的一次测量为准，黑表笔所接的一端为正极，红表笔所接的一端则为负极。

因为二极管是单相导通的电子元件，因此测量出的正反向电阻值相差得越大越好。如果相差不大，说明二极管的性能不好或已经损坏，如果测量时万用表指针不动，说明二极管内部已断路。如果所测量的电阻值为零，说明二极管内部短路。

2.6 三极管

（1）三极管外形

半导体三极管亦称双极型晶体三极管，简称晶体管。功率不同的三极管体积和封装形式也不一样，近年来生产的小、中功率管多采用聚硅氧烷塑料封装；大功率管多采用金属封装，且其外壳和散热器连成一体便于散热。常见的三极管外形如图 2-32 所示。

（2）三极管的结构和符号

三极管由三层半导体材料组成，形成两个 PN 结。两个 PN 结将三极管分成发射区、基区和集电区。在三层半导体区中，位于中间的一层半导体区叫基；其中一侧的半导体专门用来发射载流子的叫发射区；另一侧专门用来收集载流子的叫集电区。发射区与基区之间的 PN 结叫发射结；集电区与基区之间的 PN 结叫集电结。由基区引出的电极叫基极，用字母 B 表示；由发射区引出的叫发射极，用字母 E 表示；由集电区引出的叫集电极，用字母 C 表示。根据三层半导体区排列方式的不同，可分为 NPN 型和 PNP 型两种类型，其结构和符号如图 2-33 所示。

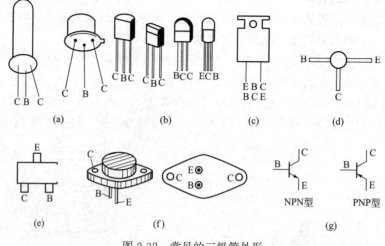

图 2-32 常见的三极管外形

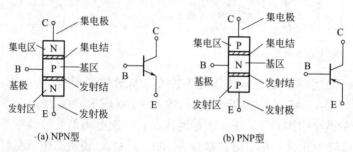

图 2-33 三极管的结构和符号

（3）三极管的主要参数

三极管的种类很多，从晶体管手册中可查出三极管的型号、主要参数、主要用途和外形等，这些技术资料是正确选用三极管的主要依据。总的来说，有以下几类常用参数。

① 共发射极电流放大系数 共发射极直流电流放大系数 β（或 h_{FE}），共发射极交流电流放大系数 β（或 h_{fe}），同一个三极管在相同条件下 h_{fe} 略大于 h_{FE}，但应用时二者可相互代替。

② 极间反向饱和电流 集电极-基极间反向饱和电流 I_{CBO}，集电极-发射极间反向饱和电流 I_{CEO}（又称穿透电流）。$I_{CEO}=(1+\beta)I_{CBO}$。

③ 极限参数 集电极最大允许电流 I_{CM}（当 I_C 超过 I_{CM} 时，β 将下降到不能工作的地步）；集电极最大允许耗散功率 P_{CM}（$P_C=I_C U_{CE}$，超过此值三极管会过热而烧坏）；集电极-发射极间反向击穿电压 $U_{(BR)CEO}$，当基极开路时，集电极-发射极间电压超过此值后会由电击穿导致热击穿而损坏管子。

（4）三极管内电流分配和电流放大作用

三极管各极电流分配关系为：$I_E=I_B+I_C$，其中，由于 I_B 远小于 I_C，所以 $I_E \approx I_C$。

三极管具有电流放大作用：共发射极电流放大系数，$\beta=I_C/I_B$，$\beta=\Delta I_C/\Delta I_B$。

（5）三极管的工作特性

在模拟电路中，三极管应用较多的是共发射极电路，输入电压 U_{BE} 与输入电流 I_B 间的数量关系称为三极管的输入特性；输出电压 U_{CE} 与输出电流 I_C 间的数量关系称为三极管的输出特性；三极管的输入输出特性，统称为三极管的工作特性。三极管的输入、输出特性曲线如图 2-34(a)、图 2-34(b) 所示。

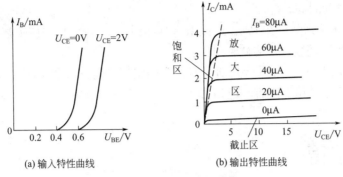

(a) 输入特性曲线   (b) 输出特性曲线

图 2-34　三极管特性曲线

由三极管输入特性曲线看出：当 U_{BE} 很小时，$I_B=0$，三极管是截止的，只有在 U_{BE} 大于三极管的门坎电压（硅管约 0.5V，锗管约 0.2V）后，三极管才开始导通。导通后的 I_B 迅速增大，但 U_{BE} 变化很小，此时的 U_{BE} 值称为三极管工作时的发射结正向压降或导通电压值（硅管约为 0.7V，锗管约为 0.3V）。由此分析，三极管的输入特性曲线是非线性的。

通常把三极管输出特性曲线分成三个工作区来分析其工作状态，即放大区、截止区和饱和区。截止区是图 2-34(b) 中 $I_B=0$ 曲线下方的区域，三极管处于截止状态。在 $I_B=0$ 时，I_C 并非为零，这时电流就是穿透电流 I_{CEO}；饱和区在 U_{CE} 较小的区域，此区域三极管 I_C 不随 I_B 的增大而变化，即处于饱和状态，饱和时的 U_{CE} 值称为饱和压降 V_{CES}（小功率硅管约 0.3V，锗管约 0.1V）；放大区在截止区和饱和区之间，此区域内三极管 I_C 受 I_B 的控制，即 $I_C=\beta I_B$，具有电流放大作用，三极管处于放大状态。且 I_B 一定时，I_C 不随 U_{CE} 变化而保持恒定，这种现象称为三极管的恒流特性。

由上述特性可知，三极管工作的外部条件为：当三极管的发射结正偏，集电结反偏时处于放大状态；发射结反偏（或零偏）时，处于截止状态；发射结正偏，集电结正偏时，处于饱和状态。

注：三极管工作的内部条件由三极管制造工艺决定。

(6) 判断三极管的极性

三极管有 NPN 型和 PNP 型两种，用万用表 R×100 挡或 R×1k 挡，可测量其好坏。

① NPN 型和 PNP 型三极管的判别　如果能够在某个三极管上找到一个脚，将黑表笔接此脚，将红表笔依次接另外两脚，万用表指针均偏转，而反过来，却不偏转，说明此管是 NPN 管，且黑表笔所接的那个脚为基极。

如果能够在某个三极管上找到一个脚，将红表笔接此脚，将黑表笔依次接另外两脚，万用表指针均偏转，而反过来，却不偏转，说明此管是 PNP 管，且红表笔所接的那个脚为基极。

② 发射极 E 和集电极 C 的判别　若已判明基极和类型，任意设另外两个电极为 C、E 端。判别 C、E 时按图 2-35 所示进行。以 PNP 型管为例，将万用表红表笔假设接 C 端，黑表笔接 E 端，用潮湿的手指捏住基极 B 和假设的集电极 C 端，但两极不能相碰（潮湿的手指代替图中 100kΩ 的 R）。再将假设的 C、

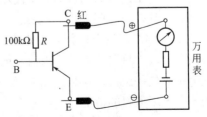

图 2-35　用万用表判别三极管的 C、E 极

E 电极互换，重复上面步骤，比较两次测得的电阻大小。测得电阻小的那次，红表笔所接的引脚是集电极 C，另一端是发射极 E。

③ 三极管好坏的判断

a. 三极管好坏的判断可在 R×100 或 R×1k 挡上进行，如果按照上述方法无法判断出一个三极管的管型及基极，说明此管损坏。

b. 用万用表的 hFE 挡来进行判别。当管型确定后，将三极管插入 "NPN" 或 "PNP" 插孔，将万用表置于 "hFE" 挡，若 hFE（β）值不正常（如为零或大于 300），则说明管子已坏。

2.7 晶闸管

(1) 识读晶闸管

晶闸管是晶体闸流管的简称，又叫做可控硅。晶闸管有单向晶闸管和双向晶闸管两种类型，是一种大功率的半导体器件。晶闸管从外形上分为螺栓形、平板形和平底形，常见晶闸管的外形和符号如图 2-36 所示。

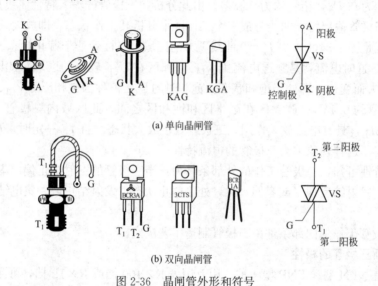

图 2-36　晶闸管外形和符号

(2) 判断晶闸管的极性

① 电极判别　晶闸管电极可以用万用表检测，也可以根据晶闸管封装形式来判断。螺栓形晶闸管的螺栓一端为阳极 A，较细的引线端为门极 G，较粗的引线端为阴极 K；平板形晶闸管的引出线端为门极 G，平面端为阳极 A，另一端为阴极 K；金属壳封装（TO-3）的晶闸管，其外壳为阳极 A。

a. 单向晶闸管电极判断。如图 2-37 所示，将万用表拨至 R×100 挡，两支表笔各任意接两个电极。只要测得低电阻值，证明测的是 PN 结正向电阻，这时黑表笔接的是阳极，红表笔接的是控制极。这是因为 G-A 之间反向电阻趋于无穷大，A-K 间电阻也总是无穷大，均不会出现低阻的情况。

b. 双向晶闸管电极判断。如图 2-38 所示，将万用表拨至 R×10 挡，测出晶闸管相互导通的两个引脚，这两个引脚与第三个引脚均不通，即第三个引脚为 T₂ 极，相互导通的两引

脚为 T_1 极和 G 极。黑表笔接 T_1 极，红表笔接控制极 G 所测得的正向电阻总要比反向电阻小一些，根据这一特性识别 T_1 极和 G 极。

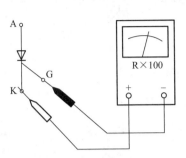

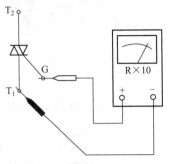

图 2-37　用万用表判断单向晶闸管电极　　　　图 2-38　用万用表判断双向晶闸管电极

② 判别晶闸管质量好坏

a. 判别单向晶闸管质量好坏。如图 2-39 所示，将万用表拨至 R×1 挡。开关 S 打开，晶闸管截止，测出的电阻值很大或为无穷大；开关 S 闭合时，相当于给控制极加上正向触发信号，晶闸管导通，测出的电阻值很小（几欧或几十欧），则表示该管质量良好。

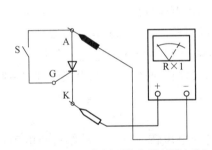

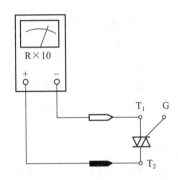

图 2-39　用万用表判别单向晶闸管好坏　　　　图 2-40　用万用表判别双向晶闸管好坏

b. 判别双向晶闸管质量好坏。如图 2-40 所示，将万用表拨在 R×10 挡，黑表笔接 T_2，红表笔接 T_1，然后将 T_2 与 G 瞬间短路一下，立即离开，此时若表针有较大幅度的偏转，并停留在某一位置上，说明 T_1 与 T_2 已触发导通；把红、黑表笔调换后再重复上述操作，如果 T_1、T_2 仍维持导通，说明这个双向晶闸管质量良好，反之则是坏的。

2.8　电声器件、石英晶体

电声器件是一种电声换能器，它可以将电能转换成声能，或者将声能转换成电能。电声器件包括扬声器、耳机、压电蜂鸣片、驻极体话筒等。

(1) 扬声器

① 识读扬声器　扬声器又称为喇叭，是一种电声转换器件，它将模拟的语音电信号转化成声波，是收音机、录音机、电视机和音响设备中的重要器件。电动式扬声器是最常见的一种结构，电动式扬声器由纸盆、音圈、音圈支架、磁铁、盆架等组成。扬声器的常见外形和符号如图 2-41 所示。

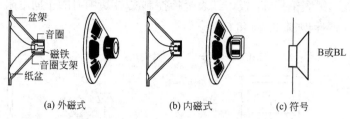

(a) 外磁式　　　　(b) 内磁式　　　　(c) 符号

图 2-41　电动式扬声器外形与符号

② 扬声器的检测　检测扬声器质量的好坏如图 2-42 所示。

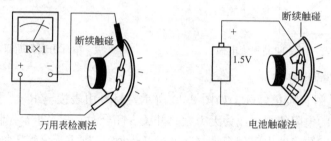

万用表检测法　　　　　　　　　电池触碰法

图 2-42　检测电动式扬声器

a. 万用表检测法。将万用表置 R×1 挡，把任意一支表笔与扬声器的任一引出端相接，用另一支表笔断续触碰扬声器另一引出端，此时，扬声器应发出"喀喀"声，指针亦相应摆动。如触碰时扬声器不发声，指针也不摆动，说明扬声器内部音圈断路或引线断裂。

b. 电池触碰法。取一节干电池和两根导线，先将导线的一端与电池的负极相连，再将导线的另一端与正极摩擦，使它们时断时续地接触。这时，我们从喇叭里能听到"咔咔"的声音。

(2) 耳机

① 识读耳机　耳机是一种能将电能转换为声能的电声转换器，它的结构与电动式扬声器相似，也是由磁铁、音圈、振动膜片等组成的，但耳机的音圈大多是固定的。耳机的外形与电路符号如图 2-43 所示。

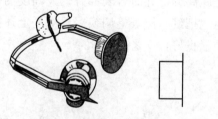

图 2-43　耳机的外形与符号

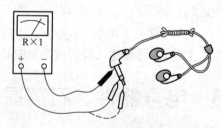

图 2-44　检测耳机

② 耳机的检测　如图 2-44 所示，将万用表置于 R×1 挡，黑表笔接耳机插头的公共点，红表笔分别接触左右声道，触电时测出的 2 个电阻应相同，一般为 20～30Ω，同时还可以听到耳机发出的"喀喀"声。

如果在测量时耳机无声，万用表指针也不偏转，说明相应的耳机有引线断裂或内部焊点脱开的故障。若指针摆至零位附近，说明相应耳机内部引线或耳机插头处有短路的地方。若指针指示阻值正常，但发声很轻，一般是耳机振膜片与磁铁间的间隙不对造成的。

(3) 压电蜂鸣片

① 识读压电蜂鸣片　压电蜂鸣片是将压电陶瓷片和金属片粘贴而成的一个弯曲振动片，如图 2-45 所示。

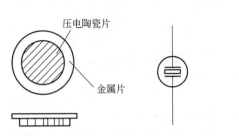

图 2-45　压电蜂鸣片的外形与符号

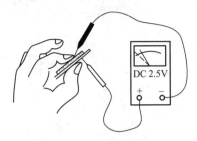

图 2-46　检测压电蜂鸣片

② 压电蜂鸣片的检测　如图 2-46 所示，将万用表拨至直流 2.5V 挡，将待测压电蜂鸣片平放于木制桌面上，带压电陶瓷片的一面朝上。然后将万用表的一支表笔与蜂鸣片的金属片相接触，用另一表笔在压电蜂鸣片的陶瓷片上轻轻碰触，可观察到万用表指针随表笔的触、离而摆动，摆动幅度越大，则说明压电陶瓷蜂鸣片的灵敏度越高；若万用表指针不动，则说明被测压电陶瓷蜂鸣片已损坏。

(4) 驻极体电容式话筒

① 识读驻极体电容式话筒　驻极体电容式话筒是一种用驻极体材料制作的新型话筒，具有体积小、频带宽、噪声小、灵敏度高等特点，被广泛应用于助听器、录音机、无线话筒等产品中。驻极体电容式话筒的外形与电路符号如图 2-47 所示。

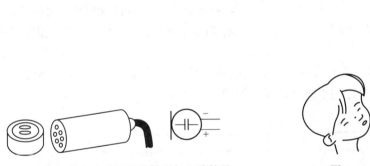

图 2-47　驻极体电容式话筒的外形与电路符号　　　　图 2-48　检测驻极体话筒

② 驻极体电容式话筒的检测　如图 2-48 所示，将万用表置于 R×1k 挡，红表笔接话筒负极（芯线），黑表笔接话筒正极（引线屏蔽层）。此时，测量值约为 1kΩ，然后正对话筒说话，万用表指针应随发声而摆动。

2.9　集成电路

(1) 识读集成电路

集成电路的封装形式有晶体管式封装、扁平封装和直插式封装。集成电路的引脚排列次序有一定的规律，一般是从外壳顶部向下看，从左下角按逆时针方向读数，其中第一脚附近一般有参考标志，如凹槽、色点等。常见集成电路的外形和封装形式如图 2-49 所示。

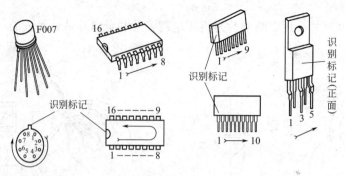

图 2-49 常见集成电路的外形和封装

（2）集成电路的电路符号

集成电路的文字符号通常用 IC 表示，集成电路的电路符号比较复杂，变化也比较多，图 2-50 是集成电路的几种电路符号。

（3）集成电路的引脚识别

在集成电路的引脚排列图中，可以看到它的各个引脚编号，如①脚、②脚、③脚等，检修、更换集成电路的过程中，往往需要在集成电路实物上找到相应的引脚。下面根据集成电路的不同封装形式，介绍各种集成电路的引脚分布规律。

① 单列集成电路引脚分布规律　单列集成电路有直插和曲插两种，两种单列集成电路的引脚分布规律相同，但在识别引脚号时有所差异。

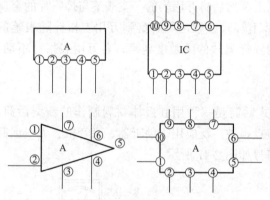

图 2-50　集成电路的电路符号

a. 单列直插集成电路。所谓单列直插集成电路就是它的引脚只有一列，且引脚为直的（不是弯曲的），这类集成电路的引脚分布规律如图 2-51 所示。

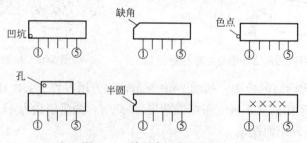

图 2-51　单列直插集成电路

b. 单列曲插集成电路。单列曲插集成电路的引脚也是呈一列排列的，但引脚不是直的，而是弯曲的，即相邻两个引脚的弯曲方向不同。图 2-52 是几种单列曲插集成电路的引脚分布规律示意图。

② 双列集成电路引脚分布规律　双列直插集成电路是使用量最多的一种集成电路，这种集成电路的外封装材料最常见的是塑料，也可以是陶瓷，集成电路的引脚分成两列，两列引脚数相等，引脚可以是直插的，也可以是贴片式的。

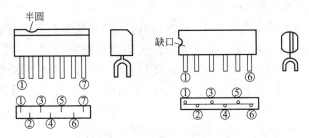

图 2-52 单列曲插集成电路

图 2-53 是 4 种双列直插集成电路的引脚分布示意图。

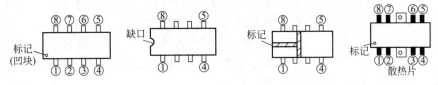

图 2-53 双列直插集成电路

③ 四列集成电路引脚分布规律 四列集成电路的引脚分成四列，且每列的引脚数相等，所以这种集成电路的引脚是 4 的倍数。四列集成电路常见于贴片式集成电路、大规模集成电路和数字集成电路中，图 2-54 是四列集成电路的引脚分布示意图。

将四列集成电路正面朝上，且将型号朝着自己，可见集成电路的左下方有一个标记，左下方第一个引脚为①脚，然后逆时针方向依次为各引脚。如果集成电路左下方没有这一识别标记，也是将集成电路如同图 2-54 所示一样放好，将印有型号面朝上，且正向面对自己，此时左下角的即为①脚。

④ 金属封装集成电路引脚分布规律 采用金属封装的集成电路现在已经比较少见，过去生产的集成电路常用这种封装形式。图 2-55 是金属封装集成电路的引脚分布示意图。

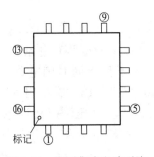

图 2-54 四列集成电路引脚

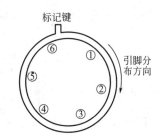

图 2-55 金属封装集成电路引脚

这种集成电路的外壳是金属圆帽形的，引脚识别方法为：将引脚朝上，从突出键标记端起，顺时针方向依次为①、②、③…各引脚。

(4) 集成电路的检测

① 集成电路的基本检测方法 集成电路的检测分为在线检测和脱机检测。

a. 在线检测是测量集成电路各脚的直流电压，与集成电路各脚直流电压的标准值相比较，以此来判断集成电路质量的好坏。

b. 脱机检测是测量集成电路各脚间的直流电阻，并与集成电路各脚间直流电阻的标准

值相比较，从而判断集成电路的好坏。

如果测得的数据与集成电路资料上的数据相符，则可判断该集成电路是好的。

② 在线检测的技巧　在线检查集成电路各引脚的直流电压时，为防止表笔在集成电路各引脚间滑动造成短路，可将万用表的黑表笔与直流电压的"地"端固定连接，方法是在"地"端焊接一段带有绝缘层的铜导线，将铜导线的裸露部分缠绕在黑表笔上，放在电路板的外边，防止与板上的其他地方连接。这样用一只手握住红表笔，找准欲测量集成电路的引脚接触好，另一只手可扶住电路板，保证测量时表笔不会滑动。

③ 在线测量集成电路各脚的直流电流的技巧　测量电流需要将表笔串联在电路中，而集成电路引脚众多，焊接下来很不容易。用一个壁纸刀将集成电路的引脚与印制板的铜箔走线之间刻一个小口，将两支表笔搭在断口的两端，就可以方便地把万用表的直流电流挡串接在电路中了。测量完该集成电路引脚的电流后，再用焊锡将断口连接起来即可。

④ 集成电路的替换检测　集成电路的内部结构比较复杂，引脚数目也比较多，要直接测出集成电路的好坏如果没有专用设备是很难的，因此，当集成电路整机线路出现故障时，检测者往往用替换法来进行集成电路的检测。

用同型号的集成块进行替换实验，是见效最快的一种检测方法。但是要注意，若因负载短路的原因，使大电流流过集成电路造成的损坏，在没有排除负载短路故障的情况下，用相同型号的集成块进行替换实验，其结果是造成集成块的又一次损坏，因此，替换实验的前提是必须保证负载不短路。

2.10　整流电路

整流就是将交流电转变为直流电的过程。二极管整流电路是利用二极管单向导电特性组成的整流电路，分为单相整流和三相整流两种。单相整流又分为半波整流、全波整流、桥式整流和倍压整流等。

(1) 单相半波整流电路

根据二极管单向导电的特性，当二极管正极接电源正端，负极接电源负端，电源 u_2 处于正半周时电路有电流流过。反之电源 u_2 处于负半周时则电路无电流，为不导通状态。因此在电阻 R_L 上得到单方向的脉动电压，把交流电变成了直流电。单相半波整流电路如图 2-56（a）所示。

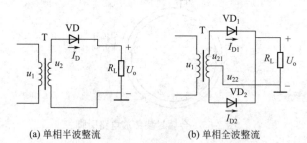

(a) 单相半波整流　　(b) 单相全波整流

图 2-56　单相半波整流与全波整流电路

(2) 单相全波整流电路

单相全波整流电路是由两个单相半波电路组成的，如图 2-56(b) 所示。变压器的二次绕组的中心抽头把 u_2 分成两个大小相等方向相反的 u_{21} 和 u_{22}。交流电压波形如图 2-57(a) 所示。

在正弦交流电源的正半周，VD_1 处于正向导通，VD_2 处于反向截止，电流经 VD_1、负载电阻 R_L 回到变压器中心抽头，构成回路，负载得到半波整流电压和电流。

同理，在电源的负半周，VD_2 导通，VD_1 截止，电流经 VD_2、R_L 流回到变压器中心抽头，负载 R_L 又得到半波电压和电流。

以后重复上述过程。由此可见全波整流电路的两个二极管 VD_1、VD_2 是轮流工作的，在负载上得到的电压和电流波形如图 2-57(b) 所示。

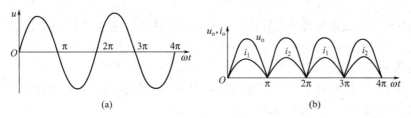

图 2-57 全波和桥式整流电压电流波形

(3) 单相桥式整流电路

电路如图 2-58(a) 所示，波形如图 2-57(b) 所示。单相桥式整流电路由电源变压器 T、整流二极管 VD_1、VD_2、VD_3、VD_4 和负载电阻 R_L 组成。与全波整流电路一样，变压器将电网交流电压变换成整流电路所需的交流电压，设 $u_2 = U_2\sin\omega t$。

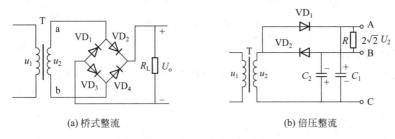

(a) 桥式整流 (b) 倍压整流

图 2-58 单相桥式整流电路

当电源电压处于 u_2 的正半周时，变压器二次绕组的 a 端电位高于 b 端电位，VD_2、VD_3 在正向电压作用下导通，VD_1、VD_4 在反向电压作用下截止，电流从变压器二次绕组的 a 端出发，经 VD_2、R_L、VD_3，由 b 端返回构成通路。有电流通过负载电阻 R_L，输出电压 $U_o = U_2$。

当电源电压处于 u_2 的负半周时，变压器二次绕组的 b 端电位高于 a 端电位，VD_1、VD_4 在正向电压作用下导通，VD_2、VD_3 在反向电压作用下截止，电流从变压器二次绕组的 b 端出发，经 VD_4、R_L、VD_1，回到 a 端。有电流通过负载电阻 R_L，输出电压 $U_o = U_2$。

由此可见，在交流电压 u_2 的整个周期内。整流器件在正、负半周内各导通一次，负载 R_L 始终有电流通过，而且保持为同一方向，得到两个半波电压和电流。所以，桥式整流电路也是一种全波整流电路。

(4) 单相倍压整流电路

倍压整流就是在整流电路输入端输入低压交流电，而在输出端却能得到高于输入电压多倍的直流电压。以二倍压整流电路为例，如图 2-58(b) 所示。其工作原理如下。

当电源电压为正半周时，二极管 VD_1 导通，电源电压对 C_1 充电，C_1 两端的电压为 U_2。当电源电压为负半周时，VD_2 导通，电容器 C_2 被充电到 $-U_2$。因为

$$U_{AB} = U_{AC} + U_{CB}$$

所以

$$U_{AC} = U_2 + U_2 = 2U_2$$

这就是二倍压整流电路的工作原理。同理，可做成三倍压整流电路及多倍压整流电路。

2·11 滤波电路

整流电路可以使交流电转换成脉动直流电，这种脉动直流电中不仅包含直流分量，而且有交流分量。而人们需要的是直流分量，因此必须把脉动直流电中的交流分量去掉。从阻抗观点看，电感线圈的直流电阻很小，而交流阻抗很大；电容器的直流电阻很大，而交流电阻很小。若组合起来就能很好地滤去交流分量，留下需要的直流分量，这种组合就是滤波电路。常用的滤波电路有下面几种形式，如图 2-59 所示。

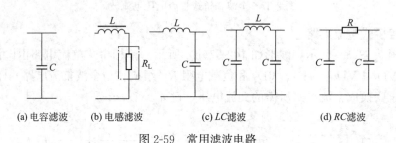

(a) 电容滤波   (b) 电感滤波   (c) LC 滤波   (d) RC 滤波

图 2-59　常用滤波电路

(1) 电容滤波电路

电容滤波电路如图 2-60(a) 所示，它由负载两端并联一个电容组成。

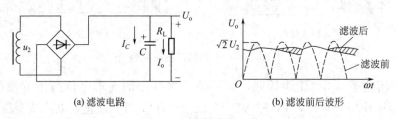

(a) 滤波电路   (b) 滤波前后波形

图 2-60　电容滤波电路

电容滤波电路利用了电容两端电压不能突变的特性。当二极管导通时，一方面给负载 R_L 供电，另一方面对电容器 C 进行充电。充电时间常数 $T_1=2R_DC$，其中 R_D 为二极管的正向导通电阻，其值非常小，充电电压 U_C 与上升的正弦电压 U_2 一致，$U_o=U_C \approx U_2$，当 U_C 充电到 u_2 的最大值 U_2 时，U_2 开始下降，且下降速率逐渐加快。当 $U_2 < U_C$ 时，4 个二极管均截止，电容 C 经负载电阻 R_L 放电，放电时间常数 $T_2=R_LC$，故放电较慢，直到负半周。

在负半周，当 $U_2 > U_C$ 时，另外两个二极管导通，再次给电容 C 充电，当 U_C 充电到 u_2 的最大值 U_2 时，U_2 开始下降，且下降速率逐渐加快，当 $U_2 < U_C$ 时，4 个二极管再次截止，电容 C 经负载 R_L 放电。如此重复上述过程。负载两端的输出电压波形如图 2-60(b) 所示。

由上述讨论可见，输出电压的大小和脉动程度与放电时间常数 $T_2=R_LC$ 有关。若 R_L 开路，电容 C 无放电通路，U_o 将一直保持最大充电电压 U_2；若 R_L 很小，放电时间常数很小，U_C 下降很快，使得输出电压的脉动增大。

桥式整流电容滤波后，其输出电压 $U_o=(1.1 \sim 1.4)U_2$，滤波电容选用几十微法以上的电解电容，其耐压值应高于 U_2。

(2) 电感滤波电路

单相桥式整流与电感滤波电路，如图 2-61 所示。滤波电感 L 与负载 R_L 串联。当 u_2 电

压很高时，经整流后输出的电流很大，该电流经过电感 L 后，电感马上产生左正右负的电动势阻碍电流的流过，电感在产生电动势的同时储存了能量（磁场能），由于电感产生电动势的阻碍，故流过负载的电流不会很大。当 u_2 上交流电压很低时，经整流后输出的电流很小，该电流经过电感 L 后，电感马上释放能量而产生

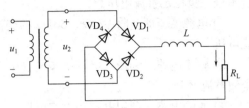

图 2-61　单相桥式整流与电感滤波电路图

左负右正的电动势，该电动势会产生一定的电流与整流过来的电流一起流过负载，使负载电流不会因交流电压下降而减小。

电感滤波的效果与电感的电感量有关，电感的电感量越大，储存能量越多，流过负载的电流越稳定，滤波效果越好。电感滤波适用于负载电流较大的场合。

(3) 复式滤波电路

单独的电容滤波或者电感滤波往往效果不理想，因此可将电容、电感和电阻组合起来构成复式滤波电路，复式滤波电路的滤波效果比较好。常见的复式滤波电路有 LC、RC 滤波电路，如图 2-62 所示。

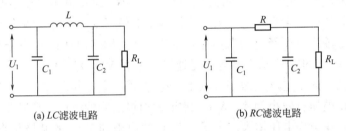

(a) LC滤波电路　　　　　　(b) RC滤波电路

图 2-62　复式滤波电路整流与滤波电路

2.12　稳压及稳压电源

(1) 稳压

利用二极管击穿时通过管子的电流在很大范围内变化，而管子两端的电压却几乎不变的特性，可以实现"稳压"。

(2) 直流电源组成

直流电源的组成如图 2-63 所示。

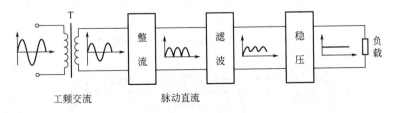

工频交流　　　　　　脉动直流

图 2-63　直流稳压电源方框图

整流电路是将工频交流电转为具有直流电成分的脉动直流电；滤波电路是将脉动直流中的交流成分滤除，减少交流成分，增加直流成分；稳压电路对整流后的直流电压采用负反馈技术进一步稳定直流电压。

① 电源变压器　将 220V、50Hz 的交流电压变换成与输出直流电压大致相当的低压交流电压。

② 整流电路　利用二极管的单向导电性将低压交流电变换成单向脉动电压，可有半波、全波整流之分。

③ 滤波电路　利用电感和电容的阻抗特性，将整流后的单向脉动电流中的交流分量滤去，将单向脉动电流变换成平滑的直流电。

④ 稳压电路　当电网电压波动或负载变动会导致负载上得到的直流电不稳定，影响电子设备的性能，用稳压管，即采用一些负反馈方式的稳压电路，使之自动调节不稳定因素，从而得到稳定电压。

(3) 直流稳压电源电路的工作原理

直流稳压电源电路的工作原理如图 2-64 所示，电源变压器 T 次级的低压交流电，经过整流二极管 $VD_1 \sim VD_4$ 整流，电容器 C_1 滤波，获得直流电，输送到稳压部分。稳压部分由复合调整管 VT_1、VT_2、比较放大管 VT_3 及起稳压作用的硅二极管 VD_5 和取样微调电位器 RP 等组成。晶体管集电极-发射极之间的电压降简称管压降。复合调整管上的管压降是可变的，当输出电压有减小的趋势时，管压降会自动地变小，维持输出电压不变；当输出电压有增大的趋势时，管压降又会自动地变大，维持输出电压不变。复合调整管的调整作用是受比较放大管控制的，输出电压经过微调电位器 RP 分压，输出电压的一部分加到 VT_3 的基极和地之间。由于 VT_3 的发射-极对地电压是通过二极管 VD_5 稳定的，可认为 VT_3 的发射极对地电压是不变的，这个电压叫做基准电压。这样 VT_3 基极电压的变化就反映了输出电压的变化。如果输出电压有减小趋势，VT_3 基极-发射极之间的电压也要减小，这就使 VT_3 的集电极电流减小，集电极电压增大。由于 VT_3 的集电极和 VT_2 的基极是直接耦合的，VT_3 集电极电压增大，也就是 VT_2 的基极电压增大，这就使复合调整管加强导通，管压降减小，维持输出电压不变。同样，如果输出电压有增大的趋势，通过 VT_3 的作用又使复合调整管的管压降增大，维持输出电压 U_o 基本不变。

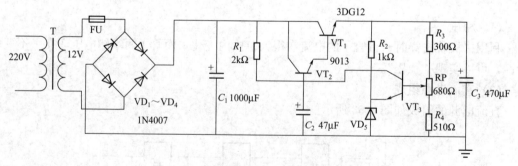

图 2-64　直流稳压电源电路的工作原理图

$$U_o \uparrow \rightarrow U_F \uparrow \rightarrow I_{B2} \uparrow \rightarrow I_{C2} \uparrow \rightarrow U_{C2} \downarrow \rightarrow I_{B1} \downarrow \rightarrow U_{CE1} \uparrow \quad |$$
$$U_o \downarrow \longleftarrow$$

同理，当电网电压或负载发生变化引起输出电压 U_o 增大时，通过取样、比较放大、调整等过程，将使复合调整管的管压降 U_{CE1} 增加，结果抑制了输出端电压的增大，输出电压仍基本保持不变。

VD$_5$ 是利用它们在正向导通的时候正向压降基本上不随电流变化的特性来稳压的。硅管的正向压降约为 0.7V。两个硅二极管串联可以得到约为 1.4V 的稳定电压。R_2 是提供 VD$_5$ 正向电流的限流电阻。R_1 是 VT$_3$ 的集电极负载电阻，又是复合调整管基极的偏流电阻。C_2 是考虑到在市电电压降低的时候，为了减小输出电压的交流成分而设置的。C_3 的作用是降低稳压电源的交流内阻和纹波。

电工常用工具与仪表

3.1 电工常用工具

常用电工工具是指专业电工都要使用到的常用工具，包括验电笔、螺丝刀（螺钉旋具）、钢丝钳、尖嘴钳、斜口钳、剥线钳、活络扳手、电烙铁、电工刀等。常用的电工工具一般都装在工具包或工具箱中，便于随身携带，如图3-1所示。

图 3-1　常用电工工具

3.1.1　验电笔

（1）选用

验电笔也称测电笔，简称电笔，是一种用来检验导线、电器和电气设备的金属外壳是否带电的电工工具。验电笔具有体积小、重量轻、携带方便、使用方法简单等优点，是电工必备的工具之一。

目前，常用的验电笔有钢笔式验电笔、螺钉旋具式验电笔和数字显示式验电笔，如图3-2所示。

（2）钢笔式和螺钉旋具式验电笔的使用方法

使用钢笔式和螺钉旋具式验电笔时，按图3-3所示的正确方法握好测电笔，以食指触及笔尾的金属体，笔尖触及被测物体，使氖管小窗体背光朝向测试者。

如图3-4所示，使用验电笔测带电物体时，电流经带电体、电笔、人体到大地构成通电回路。只要带电体与大地之间的电位差超过60V，电笔中的氖管就发光，电压高发光强，电压低发光弱。

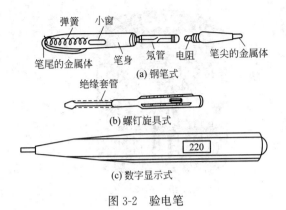

(a) 钢笔式

(b) 螺钉旋具式

(c) 数字显示式

图 3-2 验电笔

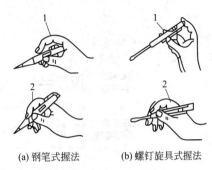

(a) 钢笔式握法　　(b) 螺钉旋具式握法

图 3-3 验电笔的使用方法
1—正确握法；2—错误握法

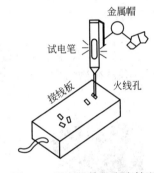

图 3-4 观察氖管的发光情况

图 3-5 交流电测量

(3) 数字显示式验电笔的使用方法

用数字显示式测电笔验电，其握笔方法与氖管指示式相同，手触直测钮，用笔头测带电体，有数字显示者为火线，反之为零线，如图 3-5 所示。带电体与大地间的电位差在 2～500V 之间，电笔都能显示出来。由此可见，使用数字式测电笔，除了能知道线路或电气设备是否带电以外，还能够知道带电体电压的具体数值。

(4) 使用注意事项

① 使用验电笔以前应先检查测电笔内是否有安全电阻，然后检查测电笔是否损坏，有无受潮或有水现象。检查合格后方可使用。

② 一般用右手握住电笔，左手背在背后。

③ 人体的任何部位切勿触及与笔尖相连的金属部分。

④ 防止笔尖同时搭在两根电线上。

⑤ 验电前，先将电笔在确实有电处试测，只有氖管发光，才可使用。

⑥ 在明亮光线下不易看清氖管是否发光，应注意避光。

3.1.2 螺丝刀

(1) 选用

螺丝刀是一种紧固和拆卸螺钉的工具，习惯称为起子。按其头部形状不同，可分为一字形和十字形两种，如图 3-6 所示。

(a) 一字形

(b) 十字形

图 3-6　螺丝刀

图 3-7　组合螺丝刀工具

电工不可使用金属直通柄的螺丝刀，因此按握柄材料的不同，螺丝刀又可分为塑料柄和木柄两类。市场上有一些螺丝刀为了使用方便，在其刀体顶端加有磁性。现在流行一种组合螺丝刀工具，如图 3-7 所示，可根据需要进行选用。

（2）使用方法

螺丝刀有两种握法，如图 3-8 所示。使用螺丝刀时，应将螺丝刀头部放至螺钉槽口中，并用力推压螺钉，平稳旋转旋具，特别要注意用力要均匀，不要在槽口中蹭动，以免磨毛槽口。

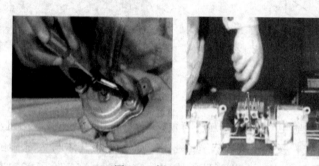

图 3-8　螺丝刀的两种握法

（3）使用注意事项

① 应根据螺钉的规格选用不同规格的螺丝刀。

② 不要把螺丝刀当作錾子使用，以免损坏螺丝刀。

③ 电工带电作业时，最好是使用塑料柄或木柄的螺丝刀，且应注意检查绝缘手柄是否完好。绝缘手柄已经损坏的螺丝刀不能用于带电作业。

3.1.3　钢丝钳

（1）选用

市场上钢丝钳一般可分为中档和高档两个档次，这两种档次的钢丝钳在价格上相差比较大。钢丝钳的常用规格有 160mm、180mm、200mm 和 250mm 四种。

电工所用的钢丝钳，在钳柄应套有耐压为 500V 以上的绝缘管。电工严禁选用钳柄没有绝缘管的钢丝钳。

（2）使用方法

钢丝钳是钳夹和剪切的常用钳类工具，其外形结构如图 3-9 所示。它由钳头和钳柄组成。其中钳头包括钳口、齿口、刀口、铡口四部分。钳柄上装有绝缘套。

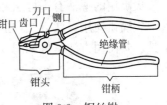

图 3-9 钢丝钳

操作时，刀口朝向自己面部，以便于控制钳切部位，用小指伸在两钳柄中间来抵住钳柄，张开钳头，这样分开钳柄灵活方便。

钢丝钳的使用方法如图 3-10 所示，用齿口旋动螺钉螺母，用刀口剪导线、起铁钉或剥导线绝缘层等，用铡口铡断较硬的金属材料。

(a) 紧固螺母　　(b) 弯绞导线　　(c) 剪切导线　　(d) 铡切钢丝

图 3-10　钢丝钳的使用方法

(3) 使用注意事项

① 使用前，必须检查其绝缘柄，确定绝缘状况良好，否则不得带电操作，以免发生触电事故。

② 用钢丝钳剪切带电导线时，必须单根进行，不得用刀口同时剪切相线和零线或者两根相线，以免造成短路事故。

③ 使用钢丝钳时要刀口朝向内侧，以便于控制剪切部位。

④ 不能用钳头代替锤子作为敲打工具，以免变形。

3.1.4　尖嘴钳

(1) 选用

尖嘴钳不带刃口者只能进行夹捏工作，带刃口者能剪切细小部件，它是电工装配及修理操作常用工具之一。尖嘴钳由钳口、刀口和钳柄组成，如图 3-11 所示。

尖嘴钳按手柄分裸柄和绝缘柄两种，电工应用绝缘柄尖嘴钳，其耐压为 500V 以上。尖嘴钳的常用规格有 130mm、160mm、180mm 和 200mm 四种。

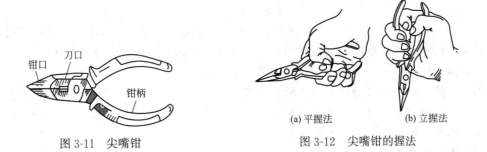

图 3-11　尖嘴钳

(a) 平握法　　　(b) 立握法

图 3-12　尖嘴钳的握法

(2) 使用方法

尖嘴钳的头部尖细，主要用来剪切线径较细的单股与多股线，以及给单股导线接头弯圈、剥塑料绝缘层等，例如在狭小的空间夹持较小的螺钉、垫圈、导线及将单股导线接头弯圈，剖削塑料电线绝缘层，也可用来带电操作低压电气设备。

尖嘴钳的握法有平握法和立握法，如图 3-12 所示。

尖嘴钳使用灵活方便，适用于电气仪器仪表制作或维修操作，又可以作为家庭日常修理工具。其使用方法举例如图 3-13 所示。

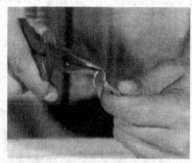 

(a) 制作接线鼻   (b) 辅助拆卸螺钉

图 3-13   尖嘴钳的使用

(3) 使用注意事项

① 为确保使用者的人身安全，严禁使用塑料套破损、开裂的尖嘴钳带电操作。

② 不允许用尖嘴钳装拆螺母、敲击他物。

③ 不宜在 80℃以上的环境中使用尖嘴钳，以防止塑料套柄熔化或老化。

④ 为防止尖嘴钳端头断裂，不宜用它夹持较硬、较粗的金属导线及其他硬物。

⑤ 尖嘴钳的头部是经过淬火处理的，不要在锡锅或高温的地方使用，以保持钳头部分的硬度。

3.1.5 斜口钳

(1) 选用

斜口钳主要用于剪切导线以及元器件多余的引线，还常用来代替一般剪刀剪切绝缘套管、尼龙扎线卡等，如图 3-14 所示。

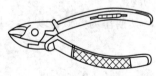

图 3-14   斜口钳

斜口钳按手柄分铁柄、管柄和绝缘柄三种，电工应用绝缘柄斜口钳，其耐压为 1000V 以上，斜口钳的常用规格有 130mm、160mm、180mm 和 200mm 四种。

(2) 使用方法

使用斜口钳时用右手操作。将钳口朝内侧，便于控制钳切部位，用小指伸在两钳柄中间来抵住钳柄，张开钳头，这样分开钳柄灵活方便。

斜口钳专用于剪断较粗的金属丝、线材及电线电缆等。

斜口钳的刀口可用来剖切软电线的橡皮或塑料绝缘层。钳子的刀口也可用来切剪电线、铁丝。剪 8 号镀锌铁丝时，应用刀刃绕表面来回割几下，然后只需轻轻一扳，铁丝即断。铡口也可以用来切断电线、钢丝等较硬的金属线。

(3) 使用注意事项

① 斜口凹槽朝外，防止断线碰伤眼睛。

② 剪线时头应朝下，以免线头剪断时，伤及本身。

③ 不可以用来剪较粗或较硬的物体，以免伤及刀口。

④ 不可用于捶打物件。

3.1.6　剥线钳

(1) 选用

剥线钳是剥削小直径导线接头绝缘层的专用工具。剥线钳手柄是绝缘的，耐压为 500V，规格有 130mm、160mm、180mm 和 200mm 四种。剥线钳的外形结构如图 3-15 所示。

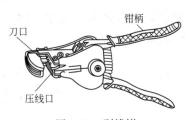

图 3-15　剥线钳

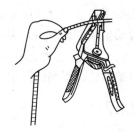

图 3-16　剥线钳的使用方法

(2) 使用方法

使用时，将要剥削的导线绝缘层长度用标尺定好，右手握住钳柄，用左手将导线放入相应的刃口槽中（比导线直径稍大，以免损伤导线），用右手将钳柄向内一握，导线的绝缘层即被割破拉开自动弹出，如图 3-16 所示。

(3) 使用注意事项

使用剥线钳时，选择的切口直径必须大于线芯直径，即电线必须放在大于其线芯直径的切口上切剥，否则会切伤芯线。

3.1.7　活络扳手

(1) 选用

电工常用的扳手有活络扳手、呆扳手和套筒扳手，这些都是用于紧固和拆卸螺母的工具。电工最常用的是活络扳手，其结构如图 3-17 所示，它的扳口大小可以调节。

图 3-17　活络扳手的结构

常用活络扳手的规格有 200mm、250mm、300mm 三种，使用时应根据螺母的大小来选配。

电工还经常用到呆扳手（亦叫开口扳手），它有单头和双头两种，其开口与螺钉头、螺母尺寸相适应，并根据标准尺寸做成一套，以便于根据需要选用，如图 3-18 所示。

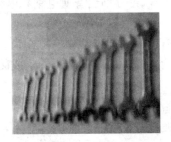

图 3-18　呆扳手

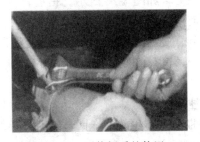

图 3-19　活络扳手的使用

（2）使用方法

① 使用时，右手握手柄。手越靠后，扳动起来越省力，如图 3-19 所示。

② 扳动小螺母时，因需要不断地转动蜗轮，调节扳口的大小，所以手要握在靠近呆扳唇处，并用大拇指调整蜗轮，以适应螺母的大小。

（3）使用注意事项

① 活络扳手的扳口夹持螺母时，呆扳唇在上，活扳唇在下。活扳手切不可反过来使用。

② 在扳动生锈的螺母时，可在螺母上滴几滴机油，这样就好拧动了。切不可采用钢管套在活络扳手的手柄上来增加扭力，因为这样极易损伤活络扳唇。

③ 不得把活络扳手当锤子用。

3.1.8　电工刀

（1）选用

电工刀是剥削和切割电工材料的常用工具。电工刀在电气操作中主要用于剖削导线绝缘层、削制木棒、切割木台缺口等。其形状如图 3-20 所示。

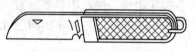

图 3-20　电工刀

（2）使用方法

使用电工刀时，刀口应朝外部切削，切忌面向人体切削，如图 3-21 所示。剖削导线绝缘层时，应使刀面与导线成较小的锐角，以避免割伤线芯。电工刀刀柄无绝缘保护，不能接触或剖削带电导线及器件。新电工刀刀口较钝，应先开启刀口然后再使用。电工刀使用结束后应随即将刀身折进刀柄，注意避免伤手。

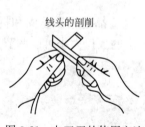

图 3-21　电工刀的使用方法

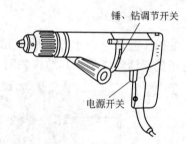

图 3-22　冲击电钻

3.1.9　冲击电钻

（1）选用

冲击电钻常用于在配电板（盘）、建筑物或其他金属材料、非金属材料上钻孔，其外形与手电钻相似，如图 3-22 所示。钻上有锤、钻调节开关，可分别当普通电钻和电锤使用。

（2）使用方法

把调节开关置于"钻"的位置，钻头只旋转而没有前后的冲击动作，可作为普通电钻使用。若调到"锤"的位置，通电后钻头边旋转、边前后冲击，便于钻削混凝土或砖结构建筑物上的孔，如膨胀螺栓孔、穿墙孔等。

（3）注意事项

① 长期搁置不用的冲击钻，使用前必须用 500V 兆欧表测定其对地绝缘电阻，其值应不小于 0.5MΩ。

② 使用有金属外壳的手电钻时，必须戴绝缘手套、穿绝缘胶鞋或站在绝缘板上，以确保操作人员的人身安全。

③ 在钻孔时遇到坚硬物体不能加过大压力，以防钻头退火或手电钻因过载而损坏。

④ 在钻孔过程中应经常把钻头从钻孔中抽出，以便排除钻屑。

3.1.10　电烙铁

(1) 选用

电烙铁是钎焊（也称锡焊）的热源，其规格有 15W、25W、45W、75W、100W、300W 等多种。功率在 45W 以上的电烙铁，通常用于强电元件的焊接，弱电元件的焊接一般使用功率在 15W、25W 等级的电烙铁。

电烙铁有外热式和内热式两种，如图 3-23 所示。内热式的发热元件在烙铁头的内部，其热效率较高；外热式电烙铁的发热元件在外层，烙铁头至于中央的孔中，其热效率较低。

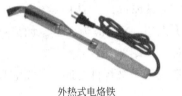

外热式电烙铁　　　　　　　　　内热式电烙铁

图 3-23　电烙铁

电烙铁的功率应选用适当，功率过大不但浪费电能，而且会烧坏弱电元件；功率过小，则会因热量不够而影响焊接质量（出现虚焊、假焊）。

(2) 使用方法

手工焊接时，电烙铁要拿稳对准，可根据电烙铁的大小、形状和被焊件的要求等不同情况决定电烙铁的握法。电烙铁的握法通常有 3 种，如图 3-24 所示。

(a) 反握法　　　(b) 正握法　　　(c) 握笔法

图 3-24　电烙铁的握法

① 反握法　反握法是用五指把电烙铁柄握在手掌内。这种握法焊接时动作稳定，长时间操作不易疲劳。它适用于大功率的电烙铁和热容量大的被焊件。

② 正握法　正握法是用五指把电烙铁柄握在手掌外。它适用于中功率的电烙铁或烙铁头弯的电烙铁。

③ 握笔法　这种握法类似于写字时手拿笔一样，易于掌握，但长时间操作易疲劳，烙铁头会出现抖动现象，因此适用于小功率的电烙铁和热容量小的被焊件。

手工烙铁锡焊的基本操作，通常采用图 3-25 所示的五步操作法。

① 准备施焊　将焊接所需材料、工具准备好，如焊锡丝、松香焊剂、电烙铁及其支架等。焊前对烙铁头进行检查，查看其是否能正常"吃锡"。如果吃锡不好，就要将其锉干净，再通电加热并用松香和焊锡将其镀锡，即预上锡，如图 3-25(a) 所示。

② 加热焊件　加热焊件就是将预上锡的电烙铁放在被焊点上，如图 3-25(b) 所示，使被焊件的温度上升。烙铁头放在焊点上时应注意，其位置应能同时加热被焊件与铜箔，并要

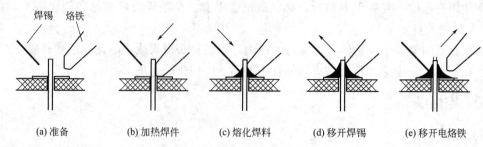

| (a) 准备 | (b) 加热焊件 | (c) 熔化焊料 | (d) 移开焊锡 | (e) 移开电烙铁 |

图 3-25　手工焊接基本操作

尽可能加大与被焊件的接触面，以缩短加热时间，保护铜箔不被烫坏。

③ 熔化焊料　待被焊件加热到一定温度后，将焊锡丝放到被焊件和铜箔的交界面上（注意不要放到烙铁头上），使焊锡丝熔化并浸湿焊点，如图 3-25(c) 所示。

④ 移开焊锡　当焊点上的焊锡已将焊点浸湿时，要及时撤离焊锡丝，以保证焊锡不至过多，焊点不出现堆锡现象，从而获得较好的焊点，如图 3-25(d) 所示。

⑤ 移开电烙铁　移开焊锡后，待焊锡全部润湿焊点，并且松香焊剂还未完全挥发时，就要及时、迅速地移开电烙铁，电烙铁移开的方向以 45°角最为适宜。如果移开的时机、方向、速度掌握不好，则会影响焊点的质量和外观，如图 3-25(e) 所示。

完成这五步后，焊料尚未完全凝固以前，不能移动被焊件之间的位置，因为焊料未凝固时，如果相对位置被改变，就会产生假焊现象。

上述过程对一般焊点而言，大约需要两三秒钟。对于热容量较小的焊点，例如印制电路板上的小焊盘，有时用三步法概括操作方法，即将上述步骤②、③合为一步，④、⑤合为一步。实际上细微区分还是五步，所以五步法具有普遍性，是掌握手工焊接的基本方法。

(3) 使用注意事项

① 根据焊接物体的大小来选择电烙铁。

② 开始焊接前，必须检查电源线、插头、手柄等有无烧坏，以及烙铁头的定位情况。

③ 在焊接中，要注意焊接表面的清洁和搪锡。一定要及时清除焊接面的绝缘层、氧化层及污垢，直到完全露出金属表面，并迅速在焊接面上搪上锡层，以免表面重新氧化。

④ 掌握好焊接的温度和时间。不同的焊接对象，要求烙铁头的温度不同，焊接的时间长短也不一样。如电源电压为 220V，功率为 20W 的烙铁头在 290～480℃，45W 烙铁头在 400～510℃，可以选择适当瓦数的电烙铁，使其焊接时，在 3～5s 内达到规定的工作温度要求。

⑤ 恰当把握焊点形成的火候。焊接时不要将烙铁头在焊点上来回磨动，应将烙铁头搪锡面紧贴焊点，待焊锡全部熔化，并在表面形成光滑圆点后迅速移开烙铁头。

3.2　指针万用表

指针万用表是一种广泛使用的电子测量仪表，它由一块灵敏度很高的直流电流表作表头，再加上挡位选择开关和相关电路组成。指针万用表可以测量电压、电流和电阻，还可以测量电子元器件的好坏。指针万用表种类很多，使用方法大同小异，下面以 MF-47 型指针万用表为例来说明指针万用表的使用。

3.2.1 指针万用表的结构

（1）万用表面板

MF-47 型万用表面板如图 3-26 所示。从图 3-26 中可以看出，指针万用表面板上主要由刻度盘、挡位选择开关、旋钮和一些插孔组成。

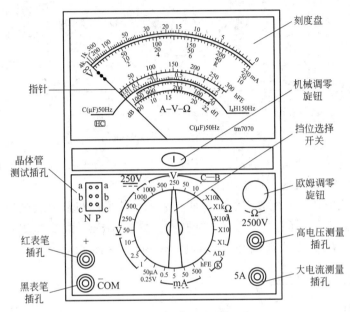

图 3-26　MF-47 型万用表面板

（2）万用表结构

指针万用表的形式很多，但基本结构是类似的。指针万用表的结构主要由表头、转换开关（又称选择开关）、测量线路、表笔和表笔插孔 4 部分组成。

① 表头　万用表的表头实际上是一块灵敏电流表，测量电阻、电压和电流都经过电路转换成驱动电流表的电流。万用表的主要性能指标基本上取决于表头的性能。表头的灵敏度是指表头指针满刻度偏转时流过表头的直流电流值，这个值越小，表头的灵敏度越高。测电压时的内阻越大，其性能就越好。

表头的表盘上印有多条刻度线，其中最上面那条是电阻刻度线，其右端为零，左端为 ∞，刻度值分布是不均匀的。第二条表示交流和直流共用的刻度线。刻度线下的几行数字是与选择开关的不同挡位相对应的刻度值。

② 转换开关　用来选择被测电量的种类和量程（或倍率），万用表的选择开关是一个多挡位的旋转开关，用来选择测量项目和量程（或倍率）。挡位选择开关如图 3-27 所示，一般的万用表测量项目包括："mA"（直流电流）、"$\underset{=}{V}$"（直流电压）、"$\underset{\sim}{V}$"（交流电压）、"Ω"（电阻）。每个测量项目又划分为几个不同的量程（或倍率）以供选择。

③ 测量线路　将不同性质和大小的被测电量转换为表头所能接受的直流电流，万用表可以测量直流电流、直流电压、交流电压和电阻等多种电量。当转换开关拨到直流电流挡时，可分别与 5 个接触点接通，用于 500mA、50mA、5mA 和 500μA、50μA 量程的直流电流测量。同样，当转换开关拨到欧姆挡时，可用 ×1、×10、×100、×1k、×10k 倍率分别测量电阻；当转换开关拨到直流电压挡时，可用于 0.25V、1V、2.5V、10V、50V、250V、

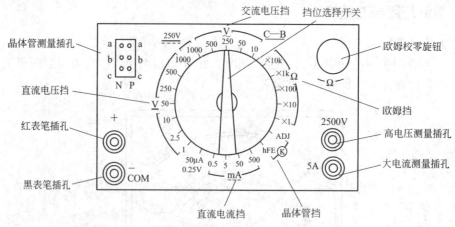

图 3-27　挡位选择开关及插孔

500V 和 1000V 量程的直流电压测量；当转换开关拨到交流电压挡时，可用于 10V、50V、250V、500V、1000V 量程的交流电压测量。

④ 表笔和表笔插孔　万用表有红、黑两支表笔，使用前将红色表笔插入标有"＋"号的插孔中，黑色表笔插入标有"－"号的插孔中。另外 MF-47 型万用表还提供 2500V 交直流电压扩大插孔以及 5A 的直流电流扩大插孔。使用时分别将红表笔移至对应插孔中即可。

3.2.2　指针万用表的使用

(1) 测量电阻

MF-47 型万用表最广泛的应用是用来测电阻。将万用表的红黑表笔分别接在电阻的两

图 3-28　调整万用表的功能旋钮

侧，根据万用表的电阻挡位和指针在欧姆刻度线上的指示数确定电阻值。

① 选择挡位　将万用表的功能旋钮调整至电阻挡，如图 3-28 所示。

② 欧姆调零　选好合适的欧姆挡后，将红黑表笔短接，指针自左向右偏转，这时表针应指向 0Ω（表盘的右侧，电阻刻度的 0 值），如果不在 0Ω 处，就需要

调整零欧姆校正钮使万用表表针指向 0Ω 刻度，如图 3-29 所示。

图 3-29　零欧姆校正

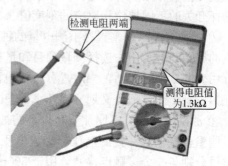

图 3-30　检测电阻

注意：测量不同阻值的电阻，更换电阻挡位后，必须重新进行欧姆调零。

③ 测量 将红黑表笔分别接在被测电阻的两端，表头指针在欧姆刻度线上的指示数乘以该电阻挡位的倍率，即为被测电阻值，如图 3-30 所示。

被测电阻的值为表盘的指针指示数乘以欧姆挡位的倍率，被测电阻值＝刻度示值×倍率，这里选用 R×100 挡测量，指针指示 13，则被测电阻值为：$13×100＝1.3kΩ$。

④ 应用举例 欧姆挡不但可以测电阻等一些元器件的阻值大小，还可以检测导线的通断，检测示意图如图 3-31 所示。图中带绝缘层的导线很长，无法知道它的通断，这时可用万用表欧姆挡进行检测。先将挡位选择开关置于×1挡，然后将红、黑表笔短接进行欧姆校零，再将红、黑表笔分别接导线的两端，观察表针的指示，现发现表针指示为 0Ω，说明导线的电阻为 0Ω，导线是正常导通的，如果表针指示的阻值为无穷大，则表明导线开路了。

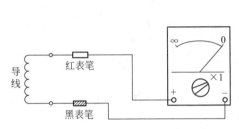

图 3-31 用万用表测量导线通断示意图

图 3-32 调整万用表功能旋钮

(2) 测量直流电压

万用表测直流电压的具体操作步骤如下。

① 选择挡位 将万用表的红黑表笔连接到万用表的表笔插孔中，并将功能旋钮调整至直流电压最高挡位，估算被测量电压大小选择量程，如图 3-32 所示。

② 选择量程 若不清楚电压大小，应先用最高电压挡测量，逐渐换用低电压挡。图 3-33 电路中电源电压只有 9V，所以选用直流 10V 挡。

③ 测量 万用表应与被测电路并联。红表笔接开关 S_3 左端，黑表笔接电阻 R_2 左端，测量电阻 R_2 两端电压，如图 3-33 所示。

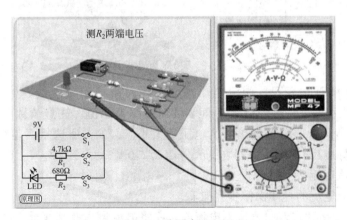

图 3-33 检测直流电压

④ 读数 仔细观察表盘，直流电压挡刻度线是第二条刻度线，用 10V 挡时，可用刻度线下第三行数字直接读出被测电压值。注意读数时，视线应正对指针，根据示数大小及所选

量程读出所测电压值大小。例如：所选量程是 10V，示数是 30（用 0～50 标度尺），则该所测电压值是 $10/50 \times 30 = 6$V。

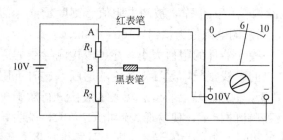

图 3-34　测量元器件两端电压

⑤ 应用举例　这里以测量电路中一个电阻两端的电压为例来说明，测量示意图如图 3-34 所示。因为电路的电源电压为 10V，故电阻 R_1 两端电压不会超过 10V，所以将挡位选择开关置于直流电压 10V 挡，然后红表笔接被测电阻 R_1 的高电位端（即 A 点），黑表笔接 R_1 的低电位端（即 B 点），再观察表针指在 6V 位置，则 R_1 两端的电压 $U_{R1} = 6$V（A、B 两点之间的电压 U_{AB} 也为 6V）。

(3) 测量交流电压

万用表测交流电压的具体操作步骤如下。

① 选择挡位　将万用表的红黑表笔连接到万用表的表笔插孔中，将转换开关转到对应的交流电压最高挡位。

② 选择量程　若不清楚电压大小，应先用最高电压挡测量，估计市电电压不会大于 250V 且最接近 250V，故将挡位选择开关置于交流 250V 挡。

③ 测量　万用表测电压时应使万用表与被测电路相并联，打开电源开关，然后将红、黑表笔放在变压器输入端 1、2 测试点，测量交流电压，如图 3-35 所示。

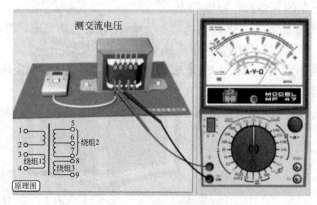

图 3-35　检测交流电压

④ 读数　仔细观察表盘，交流电压挡刻度线是第二条刻度线，如图 3-36 所示，用 250V 挡时，可用刻度线下第一行数字直接读出被测电压值。注意读数时，视线应正对指针，根据示数大小及所选量程读出所测电压值大小。例如：所选量程是交流 250，示数是 218（用 0～250 标度尺），则该所测电压值是 $250/250 \times 218 \approx 220$V。

(4) 测量直流电流

万用表测直流电流的具体操作步骤如下。

① 选择挡位　指针式万用表检测电流前，要将电流量程调整至最大挡位，即将红表笔连接到"5A"插孔，黑表笔连接到负极性插孔，如图 3-37 所示。

② 选择量程　将功能调整开关调整至直流电流挡，若不清楚电流的大小，应先用最高电流挡（500mA 挡）测量，然后逐渐换用低电流挡，直至找到合适电流挡，如图 3-38 所示。

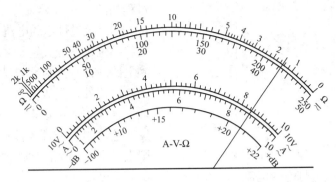

图 3-36　交流电压读数

图 3-37　连接万用表表笔

图 3-38　调整功能旋钮

③ 测量　将万用表串联在待测电路中进行电流的检测，并且在检测直流电流时，要注意正负极性的连接。测量时，应断开被测支路，红表笔连接电路的正极端，黑表笔连接电路的负极端，如图 3-39 所示。

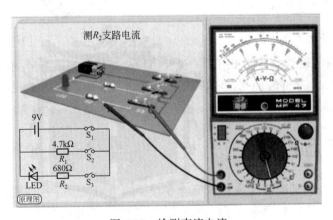

图 3-39　检测直流电流

④ 读数　仔细观察表盘，直流电流挡刻度线是第二条刻度线，用 50mA 挡时，可用刻度线下第二行数字直接读出被测电流值。注意读数时，视线应正对指针，根据示数大小及所选量程读出所测电流值大小。例如：所选量程是直流 50mA，示数是 10（用 0～50 标度尺），则该所测电压值是 $50/50 \times 10 = 10\text{mA}$。

⑤ 应用举例　下面以测量流过一个灯泡的电流大小来说明直流电流的测量方法，测量

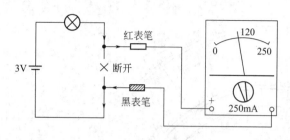

图 3-40   测量灯泡电流

过程如图 3-40 所示。

估计流过灯泡的电流不会超过 250mA，故将挡位选择开关置于 250mA 挡，再将被测电路断开，然后将红表笔置于断开位置的高电位处，黑表笔置于断开位置的另一端，这样才能保证电流由红表笔流进，从黑表笔流出，表针才能朝正方向摆动，否则表针会反偏。读数时观察表针指的刻度的数值为 120，故流过灯泡的电流为 120mA。

（5）检测晶体管

三极管有 NPN 型和 PNP 型两种类型，它的放大能力用数值表示就是放大倍数。三极管的放大倍数可以用万用表进行检测。

万用表检测晶体管的具体操作步骤如下。

① 选择挡位   将万用表的功能旋钮调整至"hFE"挡，如图 3-41 所示。然后调节欧姆校零旋钮，让表针指到标有"hFE"刻度线的最大刻度"300"处，实际上表针此时也指在欧姆刻度线"0"刻度处。

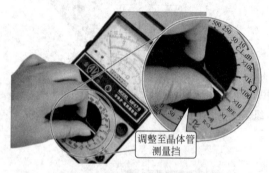

图 3-41   调整万用表功能旋钮

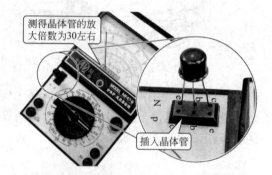

图 3-42   检测晶体管放大倍数

② 测量   根据三极管的类型和引脚的极性将检测三极管插入相应的测量插孔，NPN 型三极管插入标有"N"字样的插孔，PNP 型三极管插入标有"P"字样的插孔，如图 3-42 所示，即可检测出该晶体管的放大倍数为 30 倍左右。

3.3 数字万用表

数字万用表具有测量准确度高、测量速度快、输入阻抗大、过载能力强和功能多等优点，在电工电子技术测量方面得到了广泛的应用。数字万用表的种类很多，但使用方法基本相同，下面以 VC9805A 型数字万用表为例来说明数字万用表的使用。

3.3.1 数字万用表的结构

（1）数字万用表面板

VC9805A 型数字万用表面板如图 3-43 所示。从图中可以看出，数字万用表面板主要由液晶显示屏、按键、挡位选择开关和各种插孔组成。

① 液晶显示屏　在测量时，数字万用表依靠液晶显示屏（简称显示屏）显示数字来表明被测对象的量值大小。图中的液晶显示屏可以显示 4 位数字和一个小数点，选择不同挡位时，小数点的位置会改变。

② 按键　VC9805A 型数字万用表面板上有三个按键，左边标"POWER"的为电源开关键，按下时内部电源启动，万用表可以开始测量；弹起时关闭电源，万用表无法进行测量。中间标"HOLD"的为锁定开关键，当显示屏显示的数字变化时，可以按下该键，显示的数字保持稳定不变。右边标"DC/AC"的为 DC/AC 切换开关键。

③ 挡位选择开关　在测量不同的量时，挡位

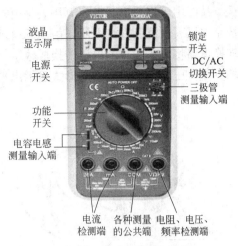

图 3-43　数字万用表面板

选择开关要置于相应的挡位。挡位选择开关如图 3-44 所示，挡位有直流电压挡、交流电压挡、交流电流挡、直流电流挡、温度测量挡、容量测量挡、二极管测量挡和欧姆挡及三极管测量挡。

图 3-44　挡位选择开关及各种挡位

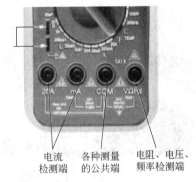

图 3-45　面板上的插孔

④ 插孔　数字万用表面板上的插孔，如图 3-45 所示。标"VΩHz"的为红表笔插孔，在测电压、电阻和频率时，红表笔应插入该插孔；标"COM"的为黑表笔插孔；标"mA"的为小电流插孔，当测 0～200mA 电流时，红表笔应插入该插孔；标"20A"的为大电流插孔，当测 200mA～20A 电流时，红表笔应插入该插孔。

（2）数字式万用表结构

数字万用表的组成框图如图 3-46 所示。

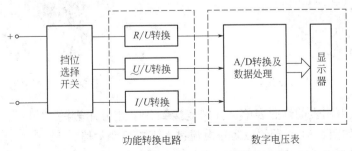

图 3-46　数字万用表的组成框图

　　从图中可以看出，数字万用表是由挡位选择开关、功能转换电路和数字电压表组成的。数字电压表只能测直流电压，由 A/D 转换电路、数据处理电路和显示器构成。它通过 A/D 转换电路将输入的直流电压转换成数字信号，再经数据处理电路处理后送到显示器，将输入的直流电压的大小以数字的形式显示出来。

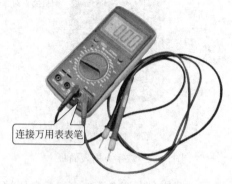

图 3-47　连接表笔

即可检测出待测电路的电压值为 3V。

3.3.2　数字万用表的使用

（1）测量电压

　　① 打开数字式万用表的开关后，将红黑表笔分别插入数字式万用表的电压检测端 VΩHz 插孔与公共端 COM 插孔，如图 3-47 所示。

　　② 旋转数字式万用表的功能旋钮，将其调整至直流电压检测区域的 20 挡，如图 3-48 所示。

　　③ 将数字式万用表的红表笔连接待测电路的正极，黑表笔连接待测电路的负极，如图 3-49 所示，

图 3-48　调整功能旋钮至电压挡

图 3-49　检测电压

（2）测量电流

　　① 打开数字式万用表的电源开关，如图 3-50 所示。

图 3-50　打开电源开关

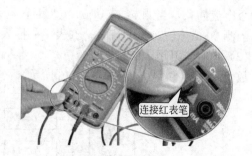

图 3-51　连接表笔

　　② 将数字式万用表的红黑表笔，分别连接到数字式万用表的"20A"表笔插孔与公共端 COM 插孔，如图 3-51 所示，以防止电流过大无法检测数值。

　　③ 将数字式万用表功能旋钮调整至直流电流挡最大量程处，如图 3-52 所示。

图 3-52 调整数字式万用表量程

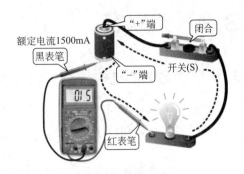

图 3-53 检测电流

④ 将数字式万用表串联入待测电路中，红表笔连接待测电路的正极，黑表笔连接待测电路的负极，如图 3-53 所示，即可检测出待测电路的电流值为 0.15A。

（3）测量电容器

① 打开数字式万用表的电源开关后，将数字式万用表的功能旋钮旋转至电容器检测区域，如图 3-54 所示。

图 3-54 调整电容检测挡

图 3-55 检测电容器

② 将待测电容器的两个引脚，插入数字式万用表的电容器检测插孔，如图 3-55 所示，即可检测出该电容器的容量值。

（4）测量晶体管

① 将数字式万用表的电源开关打开，并将数字式万用表的功能旋钮旋转至晶体管检测挡，如图 3-56 所示。

图 3-56 调整至晶体管检测挡

图 3-57 检测晶体管

② 将已知的待测晶体管，根据晶体管检测插孔的标识插入晶体管检测插孔中，如图 3-57 所示，即可检测出该晶体管的放大倍数。

3.4 兆欧表

3.4.1 兆欧表的结构

兆欧表根据其不同的结构、特点、检测范围等有许多的分类方式，按照其结构形式可以分为指针式兆欧表和数字式兆欧表，如图 3-58 和图 3-59 所示。

图 3-58 指针式兆欧表

图 3-59 数字式兆欧表

图 3-60 所示为指针式兆欧表外部结构图，兆欧表由刻度盘、指针、使用说明、手动摇杆、检测端子和测试线等组成。

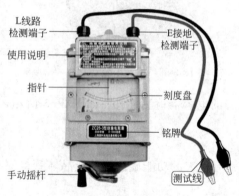

图 3-60 指针式兆欧表结构

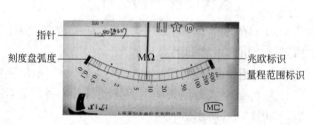

图 3-61 兆欧表的刻度盘

(1) 手动摇杆

普通兆欧表主要通过手动摇杆使兆欧表内的自动发电机发电，为兆欧表提供工作电压。

(2) 刻度盘

可调量程检测用电压表的刻度盘主要由几条弧线及不同量程标识组成，普通兆欧表的刻度盘主要由几条弧度线及固定量程标识所组成，如图 3-61 所示。

(3) 检测端子

兆欧表的检测端子主要分为 L 线路检测端子和 E 接地检测端子，如图 3-62 所示。L 线路检测端子的下方还与保护环进行连接，保护环在电路中的标识为 G。

(4) 测试线

兆欧表有两根测试线，分别使用红色和黑色表示，用于兆欧表检测端子与待测设备之间的连接，如图 3-63 所示。其中，测试线的连接端子主要用于与兆欧表进行连接，而鳄鱼夹则主要与待测设备进行连接。

图 3-62　检测端子

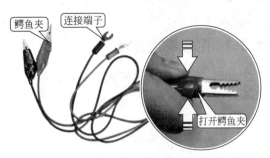

图 3-63　测试线

3.4.2　兆欧表的使用

测量前要先切断被测设备的电源，并将设备的导电部分与大地接通，进行充分放电，以保证安全，然后检查兆欧表是否完好。

① 拧松兆欧表的 L 线路检测端子和 E 接地检测端子，如图 3-64 所示。

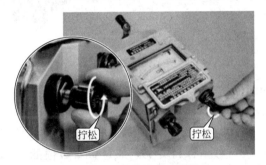

图 3-64　拧松兆欧表检测端子

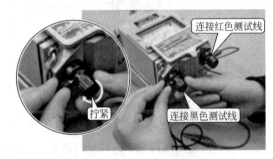

图 3-65　连接兆欧表与测试线

② 将兆欧表的测试线的连接端子分别连接到兆欧表的两个检测端子上，即黑色测试线连接 E 接地检测端子，红色测试线连接 L 线路检测端子，如图 3-65 所示，并拧紧兆欧表的检测端子。

③ 连接被测设备，顺时针摇动摇杆，观察被测设备的绝缘电阻值，如图 3-66 所示。

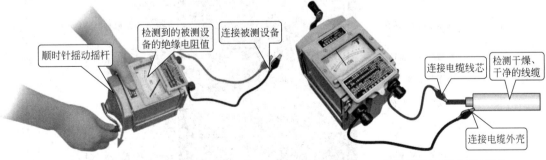

图 3-66　观察设备的绝缘电阻　　　　　　图 3-67　检测干燥并且干净的线缆

④ 检测干燥并且干净的电缆或线路的绝缘电阻时，则不区分 L 线路、E 接地检测端子，红/黑色测试线可以任意连接电缆线芯及电缆外皮，如图 3-67 所示。

3.5 钳形表

3.5.1 钳形表的结构

电工常用的钳形电流表，简称钳形表，可在不断电的情况下测量电流。钳形表外形如图3-68所示。

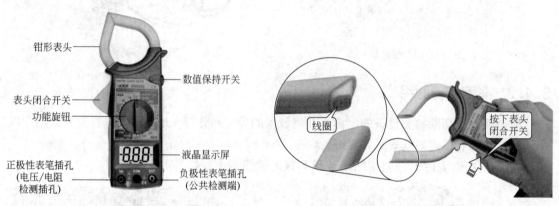

图 3-68 典型的通用型钳形表　　　　图 3-69 钳形表头

(1) 钳形表头

钳形表头在其内部缠有线圈，通过缠绕的线圈组成一个闭合磁路，按下表头闭合开关可以看到钳形表头的连接处缠有线圈，如图3-69所示。

(2) 数值保持开关

在测量数值时，对于一直闪烁变换的数值可以按下数值保持开关，通过查看数值的不同，判断所测量的电子设备是否正常。

(3) 操作面板

钳形表的功能旋钮位于操作面板的主体位置，在其四周都有量程刻度盘，主要包括电流、电压、电阻等，如图3-70所示。功能旋钮四周的刻度盘以"OFF"为标志，刻度盘分成相对应的测量范围。

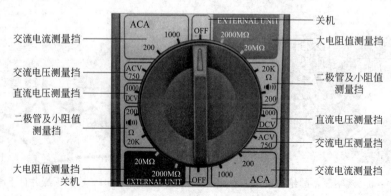

图 3-70 操作面板

在对电子产品进行测量时，旋动中间的功能旋钮，使其指示到相应的挡位及量程刻度，即可进行相应的测量，同时会在液晶显示屏上显示出所测的数值。

（4）液晶显示屏

液晶显示屏主要用来显示当前的测量状态和测量数值，如图 3-71 所示。如果在测量时所选择的测量功能为交流电，根据所选择交流电流挡位的不同，液晶显示屏显示也不相同，如果选择"200"挡位，在液晶屏的下部会显示有小数点及"200"。而若选择电压挡则会在显示屏的右方显示字符"V"，表示电压测量。

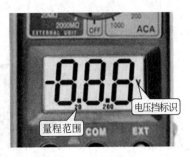

图 3-71 液晶显示屏

在进行检测时，若出现"−1"的显示，则表明所选择的量程不正确，需要重新调整钳形表的量程进行检测。

（5）表笔插孔

钳形表的操作面板下主要有 3 个插孔，用来与表笔进行连接使用。钳形表的每个表笔插孔都用文字或符号进行标识，如图 3-72 所示。其中，使用红色表示的为正极性表笔连接端，也标识为"VΩ"；使用黑色表示的为负极性表笔连接端，也标识为"COM"；绝缘测试附件接口端，则使用"EXT"标识。

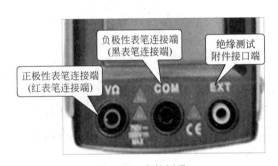

图 3-72 表笔插孔

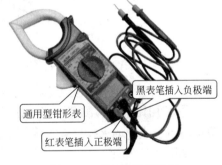

图 3-73 插入钳形表表笔

3.5.2 钳形表的使用

在使用钳形表进行检测时，通过调整钳形表的功能旋钮调整钳形表的不同量程，进行电阻、电流、电压等的测量。

（1）测量电阻

① 测量电阻值前，将钳形表的表笔分别插入表笔插孔中，如图 3-73 所示，将红表笔连接正极性插孔，黑表笔连接负极性插孔。

② 将钳形表的量程调整至测量电阻挡，如图 3-74 所示。

③ 将钳形表的红、黑表笔分别连接在电阻器的两端，如图 3-75 所示，此时即可检测该电阻器的电阻值。在读取电阻值时，根据液晶显示屏的显示数值读数，所测得的电阻值为 6.66kΩ。

（2）测量电流

这里选择工作电流为 10A 的外接插座为电流检测对象，介绍钳形表检测电流的方法。

① 剥开外接插座的一段电源线，使其外露出内部的零线、火线和地线，如图 3-76 所示。

图 3-74　调整钳形表电阻量程

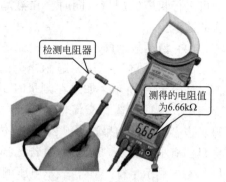

图 3-75　检测电阻器

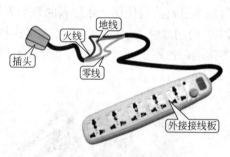

图 3-76　剥开电源线

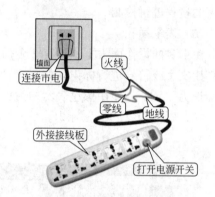

图 3-77　连接市电

② 将外接插座与市电连接，打开插座的电源开关，如图 3-77 所示。

③ 使用钳形表检测电源线上流过的电流时，电源线的地线、零线和火线不能同时测量，只能将电源线中的火线（或零线）单独放在钳形表的钳口内，方可检测出电源线上流过的电流，如图 3-78 所示。

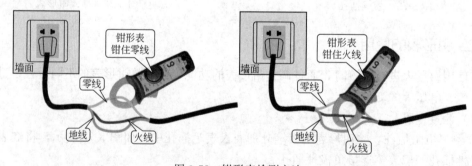

图 3-78　钳形表检测方法

④ 在检测接线板的电流时，需要在接线板上连接正在工作的设备，按下钳形表的表头闭合开关，使其钳住电源线的相线（或零线），如图 3-79 所示，此时，即可检测出该插座的电流值为 10A 左右。

（3）测量电压

钳形表可以检测交流和直流电压，通过调整钳形表的功能旋钮，选择不同的电压检测范围。

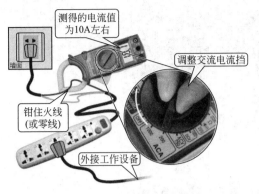

图 3-79　检测插座电流

图 3-80　调整至交流电压挡

① 检测交流电压

a. 使用钳形表检测交流电压时，先将表笔连接到钳形表的电压检测插孔，并将钳形表调整至交流电压检测挡，如图 3-80 所示。

b. 使用钳形表检测电压时，其方法与普通数字万用表相同，将钳形表并联接入被测电路中，并且在检测交流电压时，不用区分电压的正负极，如图 3-81 所示。

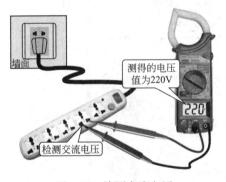

图 3-81　检测交流电压

图 3-82　调整至直流电压挡

② 检测直流电压　在使用钳形表检测直流电压时，将钳形表的量程调整至直流电压挡，如图 3-82 所示，并且在检测时需要考虑电压的正负极之分，即红表笔（正极）连接电路中的正极端，黑表笔（负极）连接负极端。

3.6　电子示波器

双踪示波器具有两个信号输入端，可以在显示屏上同时显示两个不同信号的波形，并且可以对两个信号的频率、相位、波形等进行比较。普通示波器通常指中频示波器，一般适合于测量中高频信号（在 1～40MHz 之间），常见的类型有 20MHz、30MHz、40MHz 信号示波器。

3.6.1　UC8040 双踪示波器操作面板

UC8040 双踪示波器的外形结构和面板如图 3-83 所示。

各控制旋钮和按键的功能见表 3-1。

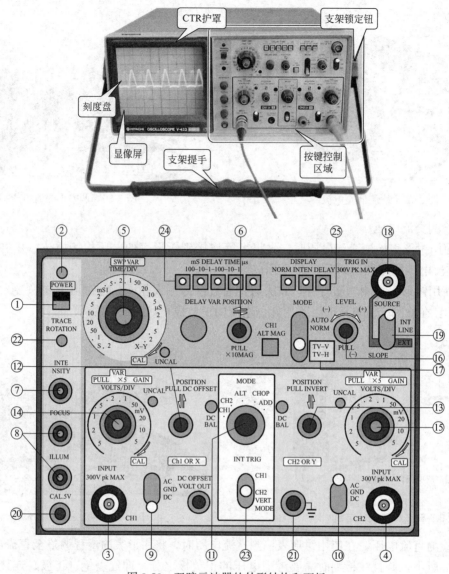

图 3-83 双踪示波器的外形结构和面板

表 3-1 UC8040 控制旋钮功能

序号	控制件名称	功　　能
①	电源开关	按下开关键,电源接通;弹起开关键,断电
②	指示灯	按下开关键,指示灯亮;弹起开关键,灯灭
③	CH1 信号输入端	被测信号的输入端口:左为 CH1 通道
④	CH2 信号输入端	被测信号的输入端口:右为 CH2 通道
⑤	扫描速度调节旋钮	用于调节扫描速度,共 20 挡
⑥	水平移位旋钮	用于调节轨迹在屏幕中的水平位置
⑦	亮度旋钮	调节扫描轨迹亮度
⑧	聚焦旋钮	调节扫描轨迹清晰度
⑨	耦合方式选择键	用于选择 CH1 通道被测信号馈入的耦合方式,有 AC 、GND、DC 三种方式

序号	控制件名称	功　能
⑩	耦合方式选择键	用于选择 CH2 通道被测信号馈入的耦合方式,有 AC 、GND、DC 三种方式
⑪	方式(垂直通道的工作方式选择键)	Y1 或 Y2:通道 Y1 或通道 Y2 单独显示 交替(ALT):两个通道交替显示 断续(CHOP):两个通道断续显示,用于扫描速度较低时的双踪显示 相加(ADD):用于显示两个通道的代数和或差的显示
⑫	垂直移位旋钮	用于调整 CH1 通道轨迹的垂直位置
⑬	垂直移位旋钮	用于调整 CH2 通道轨迹的垂直位置
⑭	垂直偏转因数旋钮	用于 CH1 通道垂直偏转灵敏度的调节,共 10 挡
⑮	垂直偏转因数旋钮	用于 CH2 通道垂直偏转灵敏度的调节,共 10 挡
⑯	触发电平旋钮	用于调节被测信号在某一电平触发扫描
⑰	电视场触发	专用触发源按键,当测量电视场频信号时将旋钮置于 TV-V 位置,这样使观测的场信号波形比较稳定
⑱	外触发输入	在选择外触发方式时触发信号输入插座
⑲	触发源选择键	用于选择触发的源信号,从上至下依次为:INT、LINE 、EXT
⑳	校准信号	提供幅度为 0.5V,频率为 1kHz 的方波信号,用于检测垂直和水平电路的基本功能
㉑	接地	安全接地,可用于信号的连接
㉒	轨迹旋转	当扫描线与水平刻度线不平行时,调节该处可使其与水平刻度线平行
㉓	内触发方式选择	CH1、CH2 通道信号的极性转换,CH1、CH2 通道工作在"相加"方式时,选择"正常"或"倒相"可分别获得两个通道代数和或差的显示
㉔	延迟时间选择	设置了 5 个延迟时间挡位供选择使用
㉕	扫描方式选择键	NORM(常态):无触发信号时,屏幕无光迹显示,在被测信号频率较低时选用 INTEN(自动):信号频率在 20Hz 以上时选用此种工作方式 DELAY(单次):只触发一次扫描,用于显示或拍摄非重复信号

3.6.2　UC8040 双踪示波器的测量

① 首先将示波器的电源线接好,接通电源,其操作如图 3-84 所示。

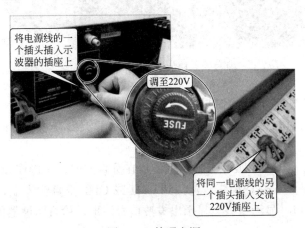

将电源线的一个插头插入示波器的插座上

调至220V

将同一电源线的另一个插头插入交流220V插座上

图 3-84　接通电源

② 开机前检查键钮，其操作如图 3-85 所示。

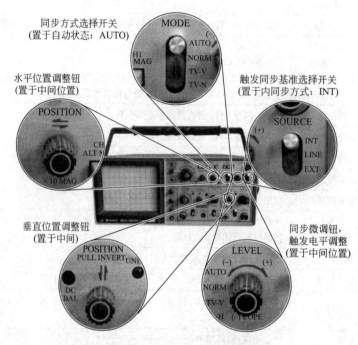

图 3-85　开机前检查键钮

③ 按下示波器的电源开关（POWER），电源指示灯亮，表示电源接通，其操作如图 3-86 所示。

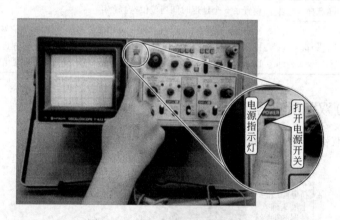

图 3-86　按下示波器的电源开关

④ 调整扫描线的亮度，其操作如图 3-87 所示。

⑤ 调整显示图像的水平位置钮，使示波器上显示的波形在水平方向，其操作如图 3-88 所示。

⑥ 调整垂直位置钮，使示波器上显示的波形在垂直方向，其操作如图 3-89 所示。

⑦ 将示波器的探头（BNC 插头）连接到 CH1 或 CH2 垂直输入端，另一端的探头接到示波器的标准信号端口，显示窗口会显示出方波信号波形，检查示波器的精确度，其操作如图 3-90 所示。

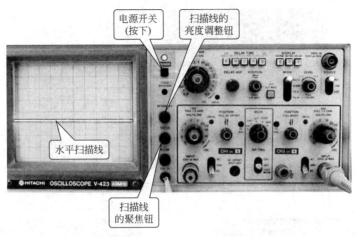

图 3-87 示波器各个键钮的初始状态示意图

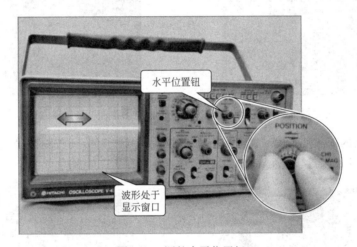

图 3-88 调整水平位置钮

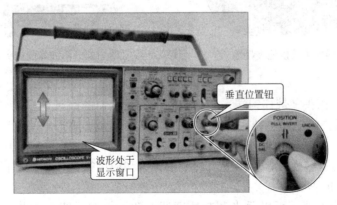

图 3-89 调整垂直位置钮

⑧ 估计被测信号的大小，初步确定测量示波器的挡位，操作如图 3-91 所示。

⑨ 将输入耦合方式开关拨到"AC"（测交流信号波形）或"DC"（测直流信号波形）位置，其操作如图 3-92 所示。

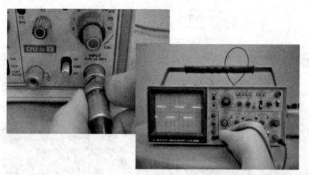

图 3-90　检测示波器的精确度

图 3-91　确定测量示波器的挡位

图 3-92　选择输入耦合方式开关

⑩ 测量电路的信号波形时，需要将示波器探头的接地夹接到被测信号发生器的地线上，其操作如图 3-93 所示。

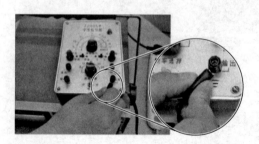

图 3-93　示波器探头的接地夹接地

图 3-94　示波器的探头接到信号发生器的高频调幅信号的输出端

⑪ 将示波器的探头（带挂钩端）接到被测信号发生器的高频调幅信号的输出端，一边观察波形，一边调整幅度调整钮、频率调整钮，使波形大小适当，便于读数，其操作如图 3-94 所示。

⑫ 若信号波形有些模糊，可以适当调节聚焦钮和幅度微调钮、频率微调钮，使波形清晰，其操作如图 3-95 所示。

⑬ 若波形暗淡不清，可以适当调节亮度调节钮，使波形明亮清楚，其操作如图 3-96 所示。

⑭ 若波形不同步，可微调触发电平钮，使波形稳定，其操作如图 3-97 所示。

⑮ 观察波形，读取并记录与波形相关的参数，图 3-98 所示为利用示波器测量信号发生器高频调幅信号的波形。

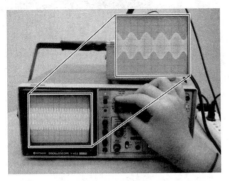

图 3-95 使波形清晰

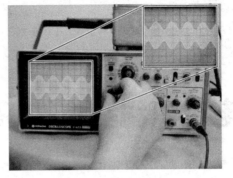

图 3-96 调节亮度调节钮

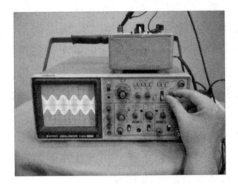

图 3-97 微调触发电平钮

图 3-98 信号发生器高频调幅信号的波形

第4章

电工识图基本知识

电工图是用各种电气符号、带注释的围框、简化的外形来表示系统（包括电气工程）、设备、装置、元件等之间的相互关系或连接关系的一种简图。电工图阐述电的工作原理，描述电气产品的构成和功能，用来指导各种电气设备、电气电路的安装、接线、运行、维护和管理。它是沟通电气设计人员、安装人员、操作人员的工程语言，是进行技术交流不可缺少的重要手段。

要做到会看图和看懂图，首先必须掌握有关电气图的基本知识，即应该了解电气图的构成、种类、特点以及在工程中的作用，了解各种电气图形符号，了解常用的土木建筑图形符号，还应该了解绘制电气图的一些规定，以及看图的基本方法和步骤等。

4.1 电气图的基本构成

电气图一般是由电路图、技术说明和标题栏 3 部分组成的。

4.1.1 电路图

用导线将电源和负载以及有关的控制元件按一定要求连接起来构成闭合回路，以实现电气设备的预定功能，这种电气回路就叫电路。

实际电路的结构形式和所能完成的任务是多种多样的，就构成电路的目的来说有两个：一是进行电能的传输、分配与转换，如图 4-1 所示的电力系统示意图；二是进行信息的传递

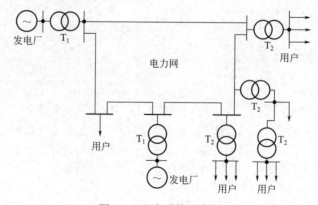

图 4-1　电力系统示意图

和处理，如图 4-2 所示的电视机原理框图。针对不同的电气设备和电路，电气图可分为电力系统电气图、电力拖动电气图、电子电路图（包括模拟电路、数字电路、可编程序控制器电路等）、建筑安装电气图、电梯控制电气图等。

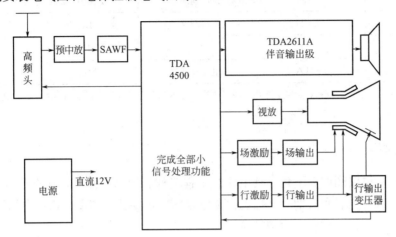

图 4-2　电视机原理框图

进行电能传输、分配与转换的电路通常包含两部分——主电路和辅助电路。主电路也叫一次回路，是电源向负载输送电能的电路。它一般包括发电机、变压器、开关、接触器、熔断器和负载等。辅助电路也叫二次回路，是对主电路进行控制、保护、监测、指示的电路。它一般包括继电器、仪表、指示灯、控制开关等。通常，主电路中的电流较大，线径较粗，而辅助电路中的电流较小，线径也较细。

电路图是反映电路构成的。由于电气元件的外形和结构比较复杂，所以在电路图中采用国家统一规定的图形符号和文字符号来表示电气元件的不同种类、规格以及安装方式。此外，根据电气图的不同用途，要绘制成不同的形式。如有的电路只绘制其工作原理图，以便了解电路的工作过程及特点；而有的只绘制装配图，以便了解各电气元件的安装位置及配线方式。对于比较复杂的电路，通常还绘制安装接线图，必要时还要绘制分开表示的接线图（又叫展开接线图）、平面布置图等，以供生产、安装部门和用户使用。

4.1.2　技术说明

电气图中的文字说明和元件明细表等总称为技术说明。文字说明注明电路的某些要点及安装要求等，通常写在电路图的右上方，若说明较多，也可另附页说明。元件明细表列出电路中各种元件的符号、规格和数量等。元件明细表以表格形式写在标题栏的上方，元件明细表中序号自下向上编排。技术说明及元件明细表的示例见表 4-1。

表 4-1　技术说明示例

技术说明：

1. 继电器 KC1～KC4、KA1～KA8、KT1、KT2 接线端子采用制造厂在产品上标出的标记。

2. 电流互感器 TA1～TA3 二次接线端子标记采用制造厂的标记。

序号	代号	名称	规格	数量
1	—M1	电动机	Y180M-2	1
2	—KR	热继电器	JR16-60 3	1
3	—KM	交流接触器	CJ10-40	2

续表

序号	代号	名称	规格	数量
4	—QF	低压断路器	DZ10-100 330	1
5	—FU	熔断器	RL1-100	3
6	—SB	按钮	LA2	1
7	—TA	电流互感器	LMZJ-0.5	3

注：本表所列元件名称、规格、数量只是用来说明"技术说明"中应包含的项目及内容的，并不代表某一具体电路所使用的元器件。

4.1.3 标题栏

标题栏画在电路图的右下角，其中注有工程名称、图名、图号，还有设计人、制图人、审核人、批准人的签名和日期等。标题栏是电路图的重要技术档案，栏目中的签名人对图中的技术内容各负其责。标题栏示例见表4-2。

表 4-2 标题栏示例

××设计院			工程名称		
审核		总工程师		专业	
校核		总专业师	电动机控制电路图	单位	
制图		项目负责人		日期	
设计		专业负责人		图号	

4.1.4 图面的构成

(1) 图面格式和图幅尺寸

图面（也称图纸）通常由纸边界线、图框线、标题栏、会签栏组成，格式如图4-3所示，其幅面代号及尺寸见表4-3。

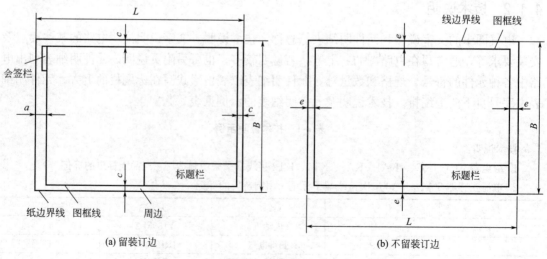

(a) 留装订边   (b) 不留装订边

图 4-3 图幅格式

表 4-3　基本幅面代号及尺寸

幅面代号	A0	A1	A2	A3	A4
宽×长($B×L$)	841×1189	594×841	420×594	297×420	210×297
留装订边边宽(c)	10			5	
不留装订边边宽(e)	20		10		
装订侧边宽(a)	25				

图纸幅面简称图幅，指由边框线所围成的图面。电气图的常用幅面规格有五种。

(2) 图线

绘制电气图所用的各种线条统称图线，线型包含了一定信息。要表达清楚电气图的内容，其图线的使用必须符合规范。电气图图线的线型和应用范围见表 4-4。

表 4-4　电气图图线的线型和应用范围

线型	说明	一般应用
A	粗实线 ———————	简图常用线、方框线、主汇流条、母线、电缆
B	细实线 ———————	基本线、简图常用线，如导线、轮廓线
E	粗虚线 ― ― ― ― ―	隐含主汇流条、母线、电缆、导线
F	细虚线 - - - - - - - -	辅助线、屏蔽线、隐含轮廓线、隐含导线、准备扩展用线
G	细点画线 —·—·—·—	分界线、结构、功能、单元相同围框线
J	长短画线 —— ― —— ―	分界线、结构、功能、单元相同围框线
K	双点画线 — ·· — ·· —	辅助围框线

(3) 箭头和指引线

电气图中的尺寸标注，表示信号传输或表示非电过程中的介质流向时都需要用箭头。若将文字或符号引注至被注释的部位，需要用指引线。

电气图中有三种形状的箭头，如图 4-4 所示。图 4-4(a) 所示为开口箭头，用于说明电气能量、电气信号的传递方向（能量流、信息流流向）；图 4-4(b) 所示为实心箭头，用于说明非电过程中材料或介质的流向；图 4-4(c) 所示为普通箭头，用于说明可变性力或运动的方向以及指引线方向。

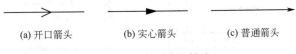

(a) 开口箭头　　　　(b) 实心箭头　　　　(c) 普通箭头

图 4-4　电气图中的箭头

指引线用来指示注释的对象，它为细实线，并在其末端加注标记。指引线末端有三种形式，如图 4-5 所示。

当指引线末端伸入被注释对象的轮廓线内时，指引线末端应画一个小圆点，如图 4-5(a) 所示。当指引线末端恰好指在被注释对象的轮廓线上时，指引线末端应用普通箭头指在轮廓线上，如图 4-5(b) 所示。当指引线末端指在不用轮廓图形表示的电气连接线上时，指引线末端应用一短斜线示出，如图 4-5(c) 所示。图 4-5(c) 表示从上往下第 1、2、3 根导线的截面积为 $4mm^2$，第 4 根导线的截面积为 $2.5mm^2$。

图 4-5　指引线末端形式

4.1.5　图上位置的表示方法

电气图上各种电气设备、元器件很多，有时某些项目的某一部分要与另一项目的某一部分相连，一条连接线可能从一张图上连接到另一张图上的某个位置。为使图面清晰，在连接线的中断处要表明另一端所在的位置，以便清楚表达图与图、元器件与元器件之间的连接情况。当确定电路图上的内容需补充、更改时，要在修改文件中表明修改内容，在图上修改内容的位置也要采用适当的方法表示。

图上位置的表示方法有三种，即图幅分区法、电路编号法、表格法。

（1）图幅分区法（也称坐标法）

图幅分区即将整个图纸的幅面分区，将图纸相互垂直的两边各自加以等分，分区的数目取决于图的复杂程度，但必须取偶数，每一分区长度为 25～75mm。然后从图样的左上角开始，在图样横向周边的用数字编号，竖向用拉丁字母编号，如图 4-6 所示。图幅分区后，相当于建立了一个坐标。图中某个位置的代号用该区域的字母和数字组合起来表示，且字母在前，数字在后。如 C2 区、B5 区等。这样在识读电路图时，就可用分区来确定、查找电气元器件，这为分析电路工作原理带来了极大的方便。

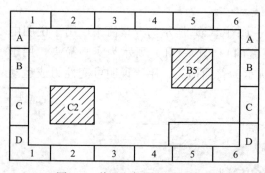

图 4-6　普通电气图的图幅分区

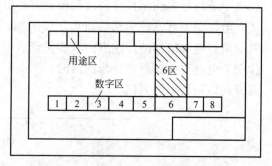

图 4-7　机床电气控制电路的图幅分区

在某些电路图中（例如机床电气控制电路图），由于控制电路内的支路多，且各支路元器件布置与功能也不相同，图幅分区可采用如图 4-7 所示的方法。这种分区方法只对图的一个方向分区，分区数不限，各个分区长度也可不等。这种方法不影响分区检索，又可反映用途，有利于识图。

（2）电路编号法

电路编号法是对图样中的电器或分支电路用数字按序编号。若是水平布图，数字编号按自上而下的顺序；若是垂直布图，数字编号按自左而右的顺序。数字分别写在各支路下端，若要表示元器件相关联部分所在位置，只需在元器件的符号旁标注相关联部分所处支路的编号即可，如图4-8所示。图中电路从左向右编号。线圈 K_1 下标注"5"，说明受线圈 K_1 驱动的触点在 5 号支路上；而在 5 号支路上，触点 K_1 标注"4"，说明驱动该触点的线圈在 4 号支路上，其余可依此类推。

（3）表格法

表格法是指在图的边缘部分绘制一个按项目代号进行分类的表格。表格中的项目代号和图中相应的图形符号在垂直或水平方向对齐，图形符号旁仍需标注项目代号。图上的各项目与表格中的各项目——对应。这种位置表示法便于对元器件进行归类和统计。图 4-9 所示是一个功率放大器电路，其元器件位置就是采用表格法来表示的。

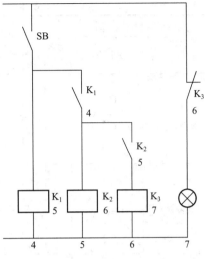

图 4-8　用电路编号法表示图中位置

电阻器	R_1　R_2　R_3			
电容器				C_1
晶体管		V_1　V_2		
变压器	T_1		T_2	
扬声器			B	

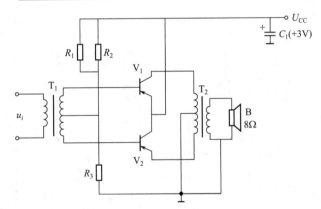

图 4-9　用表格法表示图中位置的功率放大电路

4.2　电气符号

电气图，也称电气控制系统图。图中必须根据国家标准，用统一的文字符号、图形符号及画法，以便于设计人员的绘图与现场技术人员、维修人员的识读。在电气图中，代表电动机、各种电气元件的图形符号和文字符号应按照我国已颁布实施的有关国家标准绘制。

4.2.1　图形符号

图形符号通常用于图样或其他文件，用以表示一个设备或概念的图形、标记或字符。图形符号含有符号要素、一般符号和限定符号。常用图形符号见表 4-5。

表 4-5　常用电气图形符号和文字符号

名称		新标准		旧标准		名称		新标准		旧标准	
		图形符号	文字符号	图形符号	文字符号			图形符号	文字符号	图形符号	文字符号
一般三极电源开关			QS		K	接触器	常开辅助触点		KM		C
							常闭辅助触点				
低压断路器			QF		UZ	速度继电器	常开触点		KS		SDJ
位置开关	常开触点		SQ		XK		常闭触点				
	常闭触点						线圈				
	复合触点					时间继电器	常开延时闭合触点		KT		SJ
熔断器			FU		RD		常闭延时打开触点				
按钮	启动		SB		QA		常闭延时闭合触点				
	停止				TA		常开延时打开触点				
	复合				AN	热继电器	热元件		FR		RJ
接触器	线圈		KM		C		常闭触点				
	主触点										

续表

名称		新标准		旧标准		名称		新标准		旧标准	
		图形符号	文字符号	图形符号	文字符号			图形符号	文字符号	图形符号	文字符号
继电器	中间继电器线圈		KA		ZJ	照明灯			EL		ZD
	欠电压继电器线圈	$U<$	KV		QYJ	信号灯			HL		XD
	过电流继电器线圈	$I>$	KI		GLJ	电阻器			R		R
	常开触点		相应继电器符号		相应继电器符号	接插器			X		CZ
	常闭触点					电磁铁			YA		DT
	欠电流继电器线圈	$I<$	KI	与新标准相同	QLJ	电磁吸盘			YH		DX
万能转换开关			SA	与新标准相同	HK	串励直流电动机			M		ZD
制动电磁铁			YB		DT	并励直流电动机					
电磁离合器			YC		CH	他励电流电动机					
电位器			RP	与新标准相同	W	复励电流发电机					
桥式整流装置			VC		ZL	直流发电机			G		ZF
						三相笼式异步电动机			M		D

（1）符号要素

符号要素它是一种具有确定意义的简单图形，必须同其他图形结合才能构成一个设备或概念的完整符号。如接触器常开主触点的符号就由接触器触点功能符号和常开触点符号组合而成。

（2）一般符号

一般符号用以表示一类产品和此类产品特征的一种简单的符号。如电动机可用一个圆圈表示。

（3）限定符号

限定符号是一种加在其他符号上提供附加信息的符号。

运用图形符号绘制电气图时应注意：

① 符号尺寸大小、线条粗细依国家标准可放大与缩小，但在同一张图样中，统一符号的尺寸应保持一致，各符号之间及符号本身比例应保持不变。

② 标准中示出的符号方位，在不改变符号含义的前提下，可根据图面布置的需要旋转，或成镜像位置，但是文字和指示方向不得倒置。

③ 大多数符号都可以附加上补充说明标记。

④ 对标准中没有规定的符号，可选取 GB 4728—85《电气图常用图形符号》中给定的符号要素、一般符号和限定符号，按其中规定的原则进行组合。

4.2.2 文字符号

文字符号用于电气技术领域中技术文件的编制，也可以标注在电气设备、装置和元器件上或近旁，以表示电气设备、装置和元器件的名称、功能、状态和特性。

文字符号分为基本文字符号和辅助文字符号，常用文字符号见表 4-5。

(1) 基本文字符号

基本文字符号有单字母符号与双字母符号两种。单字母符号按拉丁字母顺序将各种电气设备、装置和元器件划分为 23 大类，每一类用一个专用单字母符号表示，如"C"表示电容器类，"R"表示电阻器类等。

双字母符号由一个表示种类的单字母符号与另一个字母组成，且以单字母符号在前，另一个字母在后的次序排列，如"F"表示保护器件类，则"FU"表示为熔断器，"FR"表示为热继电器。

(2) 辅助文字符号

辅助文字符号用来表示电气设备、装置和元器件以及电路的功能、状态和特征。如"L"表示限制，"RD"表示红色等。辅助文字符号也可以放在表示种类的单字母符号之后组成双字母符号，如"YB"表示制动电磁铁，"SP"表示压力传感器等。辅助字母还可以单独使用，如"ON"表示接通，"M"表示中间线，"PE"表示保护接地等。

4.2.3 接线端子标记

① 三相交流电路引入线采用 L_1、L_2、L_3、N、PE 标记，直流系统的电源正、负线分别用 L+、L−标记。

② 分级三相交流电源主电路采用三相文字代号 U、V、W 前面加上阿拉伯数字 1、2、3 等来标记。如 1U、1V、1W、2U、2V、2W 等。

③ 各电动机分支电路各接点标记采用三相文字代号后面加数字来表示，数字中的个位数表示电动机代号，十位数字表示该支路各节点的代号，从上到下按数值大小顺序标记。如 U_{11} 表示 M_1 电动机的第一相的第一个节点代号，U_{21} 表示 M_1 电动机的第一相的第二个节点代号，依此类推。

④ 三相电动机定子绕组首端分别用 U_1、V_1、W_1 标记，绕组尾端分别用 U_2、V_2、W_2 标记，电动机绕组中间抽头分别用 U_3、V_3、W_3 标记。

⑤ 控制电路采用阿拉伯数字编号。标注方法按"等电位"原则进行，在垂直绘制的电路中，标号顺序一般按自上而下、从左至右的规律编号。凡是被线圈、触点等元件所间隔的接线端点，都应标以不同的线号。

4.3 电气图的绘制

常用的电气图包括：电气原理图、电气元件布置图、电气安装接线图。各种图纸的图纸尺寸一般选用 297mm×210mm、297mm×420mm、297mm×630mm、297mm×840mm 四种幅面，特殊需要可按 GB 126—74《机械制图》国家标准选用其他尺寸。

4.3.1 电气原理图

用图形符号、文字符号、项目代号等表示电路各个电气元件之间的关系和工作原理的图称为电气原理图。电气原理图结构简单、层次分明，适用于研究和分析电路工作原理，并可为寻找故障提供帮助，同时也是编制电气安装接线图的依据，因此在设计部门和生产现场得到了广泛应用。

电气原理图是把一个电气元件的各部件以分开的形式进行绘制，现场也有将同一电器上各个零部件均集中在一起，按照其实际位置画出的电路结构图，如图 4-10 就是三相异步电动机的全压启动控制线路的电路结构图，其中用了刀开关 QS，交流接触器 KM，按钮 SB_1、SB_2，热继电器 FR，熔断器 FU 等几种电器。

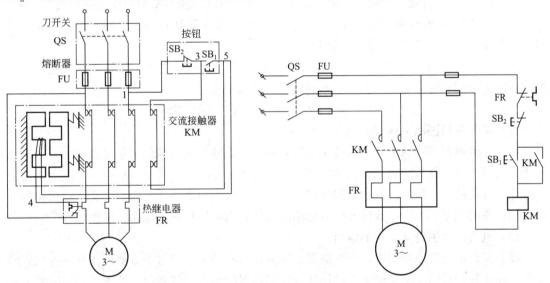

图 4-10　全压启动控制线路结构图　　　图 4-11　全压启动控制电气原理图

结构图的画法比较容易识别电器，便于安装和检修。但是，当线路比较复杂和使用的电器比较多时，线路便不容易看清楚。因为同一电器的各个部件在机械上虽然连在一起，但是电路上并不一定相互关联。

而如图 4-11 所示的三相异步电动机的全压启动控制线路电气原理图中，根据工作原理把主电路和控制电路清楚地分开画出，虽然同一电器的各部件（譬如接触器的线圈和触点）是分散画在各处的，但它们的动作是相互关联的，为了说明它们在电气上的联系，也为了便于识别，同一电器的各个部件均用相同的文字符号来标注。例如，接触器的主触点、辅助触点及吸引线圈，都用 KM 来标注。

(1) 电气原理图的绘制原则

① 电气原理图中的电气元件是按未通电和没有受外力作用时的状态绘制的。

在不同的工作阶段，各个电器的动作不同，触点时闭时开。而在电气原理图中只能表示出一种情况。因此，规定所有电器的触点均表示为在原始情况下的位置，即在没有通电或没有发生机械动作时的位置。对接触器来说，是线圈未通电，触点未动作时的位置；对按钮来说，是手指未按下按钮时触点的位置；对热继电器来说，是常闭触点在未发生过载动作时的位置等。

② 触点的绘制位置。

使触点动作的外力方向必须是：当图形垂直放置时为从左到右，即垂线左侧的触点为常开触点，垂线右侧的触点为常闭触点；当图形水平放置时为从下到上，即水平线下方的触点为常开触点，水平线上方的触点为常闭触点。

③ 主电路、控制电路和辅助电路应分开绘制。主电路是设备的驱动电路，是从电源到电动机大电流通过的路径；控制电路是由接触器和继电器线圈、各种电器的触点组成的逻辑电路，实现所要求的控制功能；辅助电路包括信号、照明、保护电路。

④ 动力电路的电源电路绘成水平线，受电的动力装置（电动机）及其保护电器支路应垂直于电源电路。

⑤ 主电路用垂直线绘制在图的左侧，控制电路用垂直线绘制在图的右侧，控制电路中的耗能元件画在电路的最下端。

⑥ 图中自左而右或自上而下表示操作顺序，并尽可能减少线条和避免线条交叉。

⑦ 图中有直接电联系的交叉导线的连接点（即导线交叉处）要用黑圆点表示。无直接电联系的交叉导线，交叉处不能画黑圆点。

⑧ 在原理图的上方将图分成若干图区，并标明该区电路的用途与作用；在继电器、接触器线圈下方列有触点表，以说明线圈和触点的从属关系。

例如，图 4-12 就是根据上述原则绘制出的某机床电气原理图。

(2) 电气原理图图面区域的划分

图面分区时，竖边从上到下用英文字母，横边从左到右用阿拉伯数字分别编号。分区代号用该区域的字母和数字表示，如 A3、C6 等。图面上方的图区横向编号是为了便于检索电气线路，方便阅读分析而设置的。图区横向编号的下方对应文字（有时对应文字也可排列在电气原理图的底部）表明了该区元件或电路的功能，以利于理解全电路的工作原理。

(3) 电气原理图符号位置的索引

在较复杂的电气原理图中，对继电器、接触器线圈的文字符号下方要标注其触电位置的索引；而在其触点的文字符号下方要标注其线圈位置的索引。符号位置的索引，用图号、页次和图区编号的组合索引法，索引代号的组成如下。

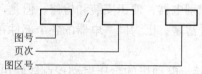

当与某一元件相关的各符号元素出现在不同图号的图样上，而每个图号仅有一页图样时，索引代号可以省去页次；当与某一元件相关的各符号元素出现在同一图号的图样上，而该图号有几张图样时，索引代号可省去图号。依此类推。当与某一元件相关的各符号元素出现在只有一张图样的不同图区时，索引代号只用图区号表示。

如图 4-12 所示的图区 9 中，继电器 KA 触点下面的 8 即为最简单的索引代号，它指出继电器 KA 的线圈位置在图区 8。图区 5 中，接触器 KM 主触点下面的 7，即表示继电器

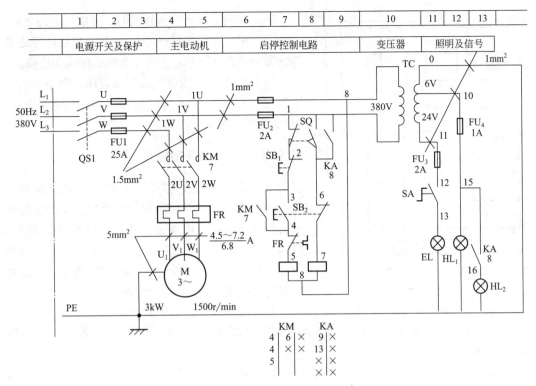

图 4-12 某机床电气原理图

KM 的线圈位置在图区 7。

在电气原理图中，接触器和继电器的线圈与触点的从属关系，应当用附图表示。即在原理图中相应线圈的下方，给出触点的图形符号，并在其下面注明相应触点的索引代号，未使用的触点用"×"表明。有时也可采用省去触点图形符号的表示法，如图 4-12 所示的图区 7 中 KM 线圈和图区 8 中 KA 线圈的下方的是接触器 KM 和继电器 KA 相应触点的位置索引。

在接触器 KM 触点的位置索引中，左栏为主触点所在的图区号（有两个主触点在图区 4，另一个主触点在图区 5），中栏为辅助常开触点所在的图区号（一个触点在图区 6，另一个没有使用），右栏为辅助常闭触点所在的图区号（两个触点都没有使用）。

在继电器 KA 触点的位置索引中，左栏为常开触点所在的图区号（一个触点在图区 9，另一个触点在图区 13），右栏为常闭触点所在的图区号（四个都没有使用）。

4.3.2 电气元件布置图

电气元件布置图主要是表明电气设备上所有电气元件的实际位置，为电气设备的安装及维修提供必要的资料。电气元件布置图可根据电气设备的复杂程度集中绘制或分别绘制。图中不需标注尺寸，但是各电气代号应与有关图纸和电气清单上所有的元器件代号相同，在图中往往留有 10％以上的备用面积及导线管（槽）的位置，以供改进设计时用。

电气元件布置图的绘制原则：

（1）绘制电气元件布置图时，机床的轮廓线用细实线或点画线表示，电气元件均用粗实线绘制出简单的外形轮廓。

（2）绘制电气元件布置图时，电动机要和被拖动的机械装置画在一起；行程开关应画在获取信息的地方；操作手柄应画在便于操作的地方。

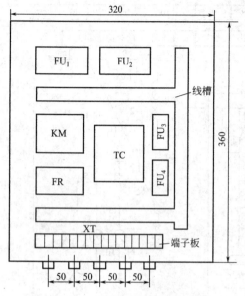

图 4-13　某机床电气元件布置图

（3）绘制电气元件布置图时，各电气元件之间，上、下、左、右应保持一定的间距，并且应考虑器件的发热和散热因素，应便于布线、接线和检修。

图 4-13 为某车床电气元件布置图，图中 $FU_1 \sim FU_4$ 为熔断器、KM 为接触器、FR 为热继电器、TC 为照明变压器、XT 为接线端子板。

4.3.3　电气安装接线图

电气安装接线图主要用于电气设备的安装配线、线路检查、线路维修和故障处理。在图中要表示出各电气设备、电气元件之间的实际接线情况，并标注出外部接线所需的数据。在电气安装接线图中各电气元件的文字符号、元件连接顺序、线路号码编制都必须与电气原理图一致。

电气安装接线图的绘制原则：

① 绘制电气安装接线图时，各电气元件均按其在安装底板中的实际位置绘出。元件所占图面按实际尺寸以统一比例绘制。

② 绘制电气安装接线图时，一个元件的所有部件绘在一起，并用点画线框起来，有时将多个电气元件用点画线框起来，表示它们是安装在同一安装底板上的。

③ 绘制电气安装接线图时，安装底板内外的电气元件之间的连线通过接线端子板进行连接，安装底板上有几条接至外电路的引线，端子板上就应绘出几个线的接点。

④ 绘制电气安装接线图时，走向相同的相邻导线可以绘成一股线。

例如，图 4-14 就是根据上述原则绘制出的某机床电气安装接线图。

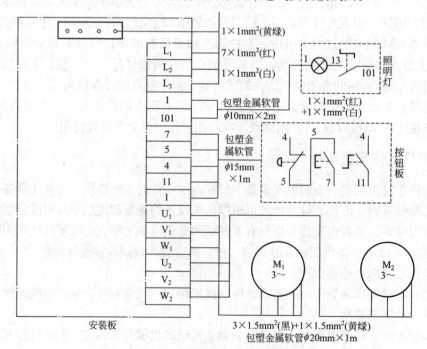

图 4-14　机床电气安装接线图

4.4 电气图的识读

电气原理图是表示电气控制线路工作原理的图形，所以熟练识读电气原理图，是掌握设备正常工作状态、迅速处理电气故障的必不可少的环节。

生产机械的实际电路往往比较复杂，有些还和机械、液压（气压）等动作相配合来实施控制。因此在识读电气原理图之前，首先要了解生产工艺过程对电气控制的基本要求，例如需要了解控制对象的电动机数量，各台电动机是否有启动、反转、调速、制动等控制要求，需要哪些联锁保护，各台电动机的启动、停止顺序的要求等具体内容，并且要注意机、电、液（气）的联合控制。

4.4.1 读图要点

在阅读电气原理图时，大致可以归纳为以下几点。

① 必须熟悉图中各器件符号和作用。

② 阅读主电路。应该了解主电路有哪些用电设备（如电动机、电炉等），以及这些设备的用途和工作特点。并根据工艺过程，了解各用电设备之间的相互联系，采用的保护方式等。在完全了解主电路的这些工作特点后，就可以根据这些特点再去阅读控制电路了。

③ 阅读控制电路。控制电路由各种电器组成，主要用来控制主电路工作。在阅读控制电路时，一般先根据主电路接触器主触点的文字符号，到控制电路中去找与之相应的吸引线圈，进一步弄清楚电动机的控制方式。这样可将整个电气原理图划分为若干部分，每一部分控制一台电动机。另外控制电路一般是依照生产工艺要求，按动作的先后顺序，自上而下、从左到右、并联排列。因此读图时也应当自上而下、从左到右，一个环节、一个环节地进行分析。

④ 对于机、电、液配合得比较紧密的生产机械，必须进一步了解有关机械传动和液压传动的情况，有时还要借助于工作循环图和动作顺序表，配合电器动作来分析电路中的各种联锁关系，以便掌握其全部控制过程。

⑤ 阅读照明、信号指示、监测、保护等各辅助电路环节。

对于比较复杂的控制电路，可按照先简后繁，先易后难的原则，逐步解决。因为无论怎样复杂的控制线路，总是由许多简单的基本环节所组成。阅读时可将它们分解开来，先逐个分析各个基本环节，然后再综合起来全面加以解决。

概括地说，阅读的方法可以归纳为：从机到电、先"主"后"控"、化整为零、连成系统。

4.4.2 读图练习

例1 如图 4-15 所示为 C620-1 型普通车床的电气原理图，试分析该线路的组成和各部分的功能。

(1) 电气原理图分析

C620-1 型车床是常用的普通车床之一，M_1 为主轴电动机，拖动主轴旋转，并通过进给机构实现车床的进给运动。M_2 为冷却泵电动机，拖动冷却泵为车削工件时输送冷却液。

将电路分作主电路、控制电路、照明电路三大部分来分析。

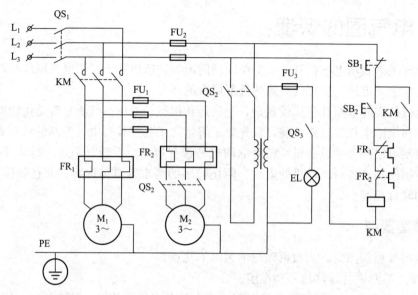

图 4-15　C620-1 型普通车床电气原理图

① 主电路　电源由开关 QS_1 引入。

M_1 为小于 10kW 的小容量电动机，所以采用直接启动。由于 M_1 的正反转由摩擦离合器改变传动链来实现，操作人员只需扳动正反转手柄，即可完成主轴电动机的正反转，因此，在电路中仅仅是通过接触器 KM 的主触点来实现单方向旋转的启动、停止控制。

M_2 冷却泵电动机容量更小，大约只有 0.125kW，因此可由开关 QS_2 直接操纵，实现单方向旋转的控制，这样既经济，操纵又方便。但是 M_2 的电源由接触器 KM 的主触点控制，所以必须在主轴电动机启动后方可开动，具有顺序联锁关系。

② 控制电路　由启动按钮 SB_2，停止按钮 SB_1，热继电器 FR_1、FR_2 的常闭触点和接触器 KM 的吸引线圈组成，完成电动机的单向启停控制。

工作过程如下：闭合电源开关 QS_1，按下启动按钮 SB_2，接触器 KM 的吸引线圈通电，KM 主触点和自锁触点闭合，M_1 主轴电动机启动并运行。如需车床停止工作，只要按下停止按钮 SB_1 即可。

③ 照明和保护环节

a. 照明环节。由变压器副绕组供给 36V 安全电压经照明开关 QS_3 控制照明灯 EL。照明灯的一端接地，以防止变压器原、副绕组间发生短路时可能造成的触电事故。

b. 保护环节。

过载保护：由热继电器 FR_1、FR_2 实现 M_1 和 M_2 两台电动机的长期过载保护。

短路保护：由 FU_1、FU_2、FU_3 实现对冷却泵电动机、控制电路及照明电路的短路保护。由于进入车床电气控制线路之前，配电开关内已装有熔断器作短路保护，所以，主轴电动机未另加熔断器作短路保护。

欠压与零压保护：当外加电源过低或突然失压时，由接触器 KM 实现欠压与零压保护。

（2）常见故障分析

① 主轴电动机不能启动。

首先应该重点检查电源是否引入，若配电开关内熔丝完好，则检查 FU_2 是否完好；

FR_1、FR_2 常闭触点是否复位。这类故障检查与排除较为简单，但更为重要的是应查明引起短路或过载的原因并将其排除。

此外，还可检查接触器 KM 吸引线圈接线端是否松动，三对主触点是否良好；再者，检查按钮 SB_1、SB_2 接点接触是否良好，各连接导线有无虚接或断线。

② 主轴电动机缺相运行。

发生缺相运行时，按下启动按钮 SB_2，电动机会发出嗡嗡声，不能启动。此时应检查配电开关内是否有一相熔丝熔断；接触器 KM 是否有一对主触点接触不良；电动机接线是否有一处断线。发生这种故障时，应当尽快切断电源，排除故障后再重新启动电动机。

③ 主轴电动机能启动，但不能自锁。

这是由于接触器 KM 自锁触点闭合不上，或自锁触点未接入。

④ 按下停止按钮 SB_1 主轴电动机 M_1 不停止。

检查接触器 KM 主触点是否熔焊、被杂物卡住或有剩磁不能复位；停止按钮常闭触点是否被卡住，不能分断。

⑤ 局部照明灯 EL 不亮。检查变压器副绕组侧有无 36V 电压、开关 QS_3 是否良好。

例2 如图 4-16 所示为电动葫芦的电气控制线路，试分析该线路的组成和各部分的功能。

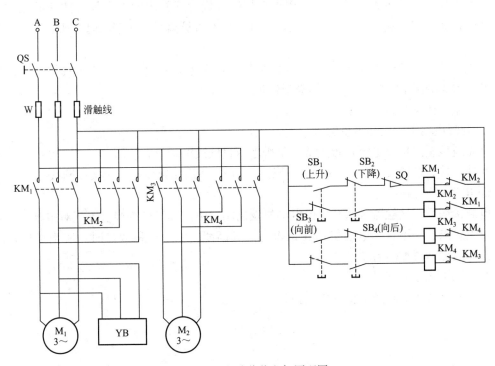

图 4-16 电动葫芦电气原理图

(1) 电气原理图分析

电动葫芦是一种重量小、结构简单的起重机，它广泛应用于工矿企业中，尤其在修理和安装工作中，用来吊运重型设备。

将电路分作主电路、控制电路、保护环节三大部分来分析。

① 主电路 电源由开关 QS 引入。

升降电动机 M_1 由上升、下降接触器 KM_1、KM_2 的主触点控制，移行电动机 M_2 由向前、向后接触器 KM_3、KM_4 的主触点来控制。两台电动机均需实现双向运行控制。

升降电动机 M_1 转轴上装有电磁抱闸 YB。它在断电停车时，能抱住 M_1 的转轴，使重物不能自行坠落。

② 控制电路　由 4 个复合按钮 SB_1、SB_2、SB_3、SB_4 和 4 个接触器 KM_1、KM_2、KM_3、KM_4 的吸引线圈以及接触器的常闭互锁触点组成，完成两台电动机的双向启停控制。

工作过程如下：闭合电源开关 QS，按下上升启动按钮 SB_1，接触器 KM_1 的吸引线圈通电，KM_1 主触点闭合，M_1 主轴电动机启动，重物上升。在上升过程中，SB_1 的常闭触点和 KM_1 的互锁常闭触点始终断开，断开了下降控制回路，此时，下降按钮 SB_2 无效。如需停止上升，只要松开按钮 SB_1 即可，同时下降控制电路恢复原状。

按下下降启动按钮 SB_2，接触器 KM_2 的吸引线圈通电，KM_2 主触点闭合，M_1 主轴电动机起动，重物下降。在下降过程中，SB_2 的常闭触点和 KM_2 的互锁常闭触点始终断开，断开了上升控制回路，此时，上升按钮 SB_1 无效。如需停止下降，只要松开按钮 SB_2 即可，同时上升控制电路恢复原状。

前后移动控制与此相似，由 SB_3、SB_4 控制向前、向后接触器 KM_3、KM_4，使移行电动机 M_2 正反向运行，带动重物前后移动。

由此可见，电动机 M_1、M_2 均采用点动控制及接触器常闭触点和复合按钮的双重互锁的正反转控制方式。这种点动控制方式，保证了操作人员离开工作现场时，所有电动机均自行断电。

③ 保护环节　为了防止吊钩上升到过高位置撞坏电动葫芦，电路中设置了提升机构的行程开关 SQ，用以实现提升位置的极限保护。

(2) 常见故障分析

① 升降电动机不能起吊重物。

首先应该重点检查电源是否正常，是否电压过低或电动机有故障。

此外，检查按钮 SB_1、SB_2 接点接触是否良好，各连接导线有无虚接或断线。

② 电动机缺相运行。

电源接通后，接触器虽闭合，但电动机发出嗡嗡声。应当检查接触器三对主触点中是否有一对主触点接触不良，电动机接线是否有一处断线。发生这种故障时，应当尽快切断电源，排除故障后再重新启动电动机。

③ 制动电磁铁线圈发热。

检查电磁铁线圈匝间是否发生短路。

第5章

低压电器

低压电器是指在交流 50Hz、额定电压 1200V 以下及直流额定电压 1500V 以下的电路中，能根据外界的信号和要求，手动或自动地接通、断开电路，以实现对电路或电气设备的切换、控制、保护、检测和调节的工业电器。低压电器作为基本控制电器，在工农业生产、交通运输和国防工业中起着非常重要的作用。

低压电器的种类繁多，但就其控制对象不同，低压电器分为配电电器和控制电器两大类。

低压配电电器主要用于低压配电系统和动力回路，它具有工作可靠、热稳定性好和电动力稳定性好、能承受一定电动力作用等优点。常用配电电器包括刀开关、转换开关、熔断器、自动开关等。

低压控制电器主要用于电力传输系统中，它具有工作准确可靠、操作效率高、寿命长，体积小等优点。常用控制电器包括接触器、继电器、启动器、主令电器、控制器、电磁铁等。

5.1 闸刀开关

闸刀开关又称为开启式负荷开关、瓷底胶盖闸刀开关，简称刀开关，其结构简单、价格低廉、应用维修方便。常用作照明电路的电源开关，也可用于 5.5kW 以下电动机作不频繁启动和停止控制。因其无专门的灭弧装置，故不宜频繁分、合电路。

(1) 闸刀开关的结构

闸刀开关由瓷质手柄、动触点、出线座、瓷底座、静触点、熔丝、进线座和胶盖等部分组成，带有短路保护功能。闸刀开关的外形与结构如图 5-1 所示。

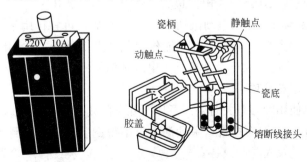

图 5-1　闸刀开关外形与结构

（2）闸刀开关的表示方式

① 型号　闸刀开关的标志组成及其含义如下。

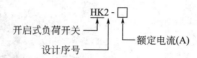

② 电气符号　闸刀开关的图形及文字符号如图 5-2 所示。

图 5-2　闸刀开关图形及文字符号

（3）闸刀开关的主要技术参数

闸刀开关的技术参数有额定电压、额定电流、通断能力、动稳定电流、热稳定电流等。表 5-1 列出了 HK 系列闸刀开关的主要技术参数。

表 5-1　HK 系列刀开关的主要技术参数

型号	极数	额定电流/A	额定电压/V	可控制电动机功率/kW	最大分断电流/A	熔丝线径 ϕ/mm
HK1-15		15		1.1	500	1.45～1.59
HK1-30	2	30	220	1.5	1000	2.3～2.52
HK1-60		60		3.0	1500	3.36～4
HK1-15		15		2.2	500	1.45～1.59
HK1-30	3	30	380	4.0	1000	2.3～2.52
HK1-60		60		5.5	1500	3.36～4
HK2-10		10		1.1	500	0.25
HK2-15	2	15	220	1.5	500	0.41
HK2-30		30		3.0	1000	0.56
HK2-60		60		4.5	1500	0.65
HK2-15		15		2.2	500	0.45
HK2-30	3	30	380	4.0	1000	0.71
HK2-60		60		5.5	1500	1.12

（4）闸刀开关的选用

① 实际应用中，用于普通照明电路，作为隔离或负载开关时，一般选择额定电压大于或等于 220V、额定电流大于或等于电路最大工作电流的两极开关。

② 用于电动机控制时，如果电动机功率小于 5.5kW，可直接用于电动机的启动、停止控制；如果电动机功率大于 5.5kW，则只能作为隔离开关使用。选用时，应选择额定电压大于或等于 380V、额定电流大于电动机额定电流 3 倍的三极开关。

（5）闸刀开关的注意事项

在安装、维修和使用闸刀开关时要注意以下几个问题：

① 刀开关安装时，与地面垂直，手柄向上，不得倒装或平装。倒装时手柄可能因自重落下而引起误合闸，危及人身和设备安全。

② 接线时电源线接在上端，负载接在下端。

③ 在进行接通和断开操作时，应动作迅速，使电弧尽快熄灭。

④ 在安装开启式负荷开关时，应注意将电源进线装在静触座上，将用电负荷接在闸刀开关的下出线端上。这样当开关断开时，闸刀和熔丝均不带电，保证更换熔丝安全。

(6) 闸刀开关的故障处理

刀开关的常见故障及其处理方法如表 5-2 所示。

表 5-2　刀开关的常见故障及其处理方法

故障现象	产生原因	修理方法
合闸后一相或两相没电	①插座弹性消失或开口过大 ②熔丝熔断或接触不良 ③插座、触刀氧化或有污垢 ④电源进线或出线头氧化	①更换插座 ②更换熔丝 ③清洁插座或触刀 ④检查进出线头
触刀和插座过热或烧坏	①开关容量太小 ②分、合闸时动作太慢造成电弧过大,烧坏触点 ③夹座表面烧毛 ④触刀与插座压力不足 ⑤负载过大	①更换较大容量的开关 ②改进操作方法 ③用细锉刀修整 ④调整插座压力 ⑤减轻负载或调换较大容量的开关
封闭式负荷开关的操作手柄带电	①外壳接地线接触不良 ②电源线绝缘损坏碰壳	①检查接地线 ②更换导线

5.2 熔断器

熔断器是低压电路及电动机控制线路中一种最简单的过载和短路保护电器。熔断器内装有一个低熔点的熔体，它串联在电路中，正常工作时，相当于导体，保证电路接通。当电路发生过载或短路时，熔体熔断，电路随之自动断开，从而保护了线路和设备。熔断器作为一种保护电器，它具有结构简单、价格低、使用维护方便、体积小、重量轻等优点，所以得到了广泛应用。

(1) 熔断器的结构

熔断器一般由熔体和安装熔体的熔管或熔座两部分组成。常用的低压熔断器有瓷插式、螺旋式、无填料封闭管式、有填料封闭管式等几种。它具有结构简单、维护方便、价格便宜、体小量轻之优点。常用熔断器的外形与结构如图 5-3 所示。

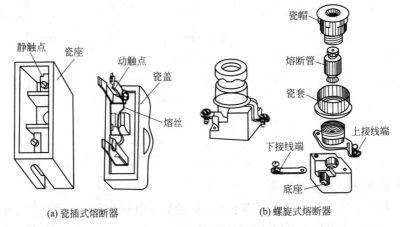

(a) 瓷插式熔断器　　　　　　　　(b) 螺旋式熔断器

图 5-3　熔断器外形与结构

(2) 熔断器的表示方式

① 型号　熔断器的标志组成及其含义如下。

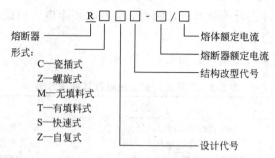

② 电气符号　熔断器的图形及文字符号如图 5-4 所示。

图 5-4　熔断器的图形及文字符号

(3) 熔断器的技术参数

熔断器的主要技术参数有额定电压、额定电流和极限分断能力。熔断器的主要技术参数如表 5-3 所示。

表 5-3　熔断器的主要技术参数

型　号	额定电压/V	额定电流/A		分断能力/kA
		熔　断　器	熔　　体	
RL6-25	~500	25	2,4,6,10,20,25	50
RL6-63		63	35,50,63	
RL6-100		100	80,100	
RL6-200		200	125,160,200	
RLS2-30	~500	30	16,20,25,30	50
RLS2-63		63	32,40,50,63	80
RLS2-100		100	63,80,100	
RT12-20	~415	20	2,4,6,10,15,20	80
RT12-32		32	20,25,32	
RT12-63		63	32,40,50,63	
RT12-100		100	63,80,100	
RT14-20	~380	20	2,4,6,10,16,20	100
RT14-32		32	2,4,6,10,16,20,25,32	
RT14-63		63	10,16,20,25,32,40,50,63	

(4) 熔断器的选择与故障处理

熔断器的额定电压和额定电流应不小于线路的额定电压和所装熔体的额定电流。熔断器的类型应根据线路要求和安装条件而定。

熔断器的选择主要包括熔断器类型、额定电压、额定电流和熔体额定电流等的确定。熔断器的类型主要由电控系统整体设计确定，熔断器的额定电压应大于或等于实际电路的工作电压；熔断器的额定电流应大于或等于所装熔体的额定电流。

确定熔体电流是选择熔断器的关键，具体来说可以参考以下几种情况。

① 对于照明线路或电阻炉等电阻性负载，熔体的额定电流应大于或等于电路的工作电流，即

$$I_{fN} \geq I$$

式中，I_{fN} 为熔体的额定电流；I 为电路的工作电流。

② 保护一台异步电动机时，考虑电动机冲击电流的影响，熔体的额定电流可按下式计算：

$$I_{fN} \geq (1.5 \sim 2.5)I_N$$

式中，I_N 为电动机的额定电流。

③ 保护多台异步电动机时，若各台电动机不同时启动，则应按下式计算：

$$I_{fN} \geq (1.5 \sim 2.5)I_{Nmax} + \sum I_N$$

式中，I_{Nmax} 为容量最大的一台电动机的额定电流；$\sum I_N$ 为其余电动机额定电流的总和。

④ 为防止发生越级熔断，上、下级（即供电干、支线）熔断器间应有良好的协调配合，为此，应使上一级（供电干线）熔断器的熔体额定电流比下一级（供电支线）大 1~2 个级差。熔断器的常见故障及其处理方法如表 5-4 所示。

表 5-4　熔断器的常见故障及其处理方法

故障现象	产生原因	修理方法
电动机启动瞬间熔体即熔断	①熔体规格选择得太小 ②负载侧短路或接地 ③熔体安装时损伤	①调换适当的熔体 ②检查短路或接地故障并排除 ③调换熔体
熔丝未熔断但电路不通	①熔体两端或接线端接触不良 ②熔断器的螺母未旋紧	①清扫并旋紧接线端 ②旋紧螺母

(5) 熔断器的注意事项

① 熔断器的插座与插片的接触要保持良好。若发现插口处过热或触点变色，则说明插口处接触不良，应及时修复。

② 熔体烧断后，应首先查明原因，排除故障。一般在过载电流下熔断时，响声不大，熔体仅在一两处熔断，管子内壁没有烧焦的现象，也没有大量的熔体蒸发物附在管壁上；若在分段极限电流时熔断，则情况与上述相反。

③ 更换熔体或熔管时须断电，尤其不允许在负载未断开时带电更换，以免发生电弧烧伤。

④ 安装熔体时不要把它碰伤，也不要将螺钉拧得太紧，使熔体轧伤。若连接处螺钉损坏而拧不紧，则应更换新螺钉。

⑤ 安装熔丝时，熔丝应顺时针方向弯一圈，不要多弯。

5.3　低压断路器

低压断路器又称自动空气开关，在电气线路中起接通、分断和承载额定工作电流的作

用，并能在线路和电动机发生过载、短路、欠电压的情况下进行可靠的保护。它的功能相当于刀开关、过电流继电器、欠电压继电器、热继电器及漏电保护器等电器部分或全部的功能总和，是低压配电网中一种重要的保护电器。

（1）低压断路器的结构

常用的低压断路器有 DZ 系列、DW 系列和 DWX 系列。图 5-5 所示为常用低压断路器的外形。低压断路器的结构示意如图 5-6 所示，低压断路器主要由触点、灭弧系统、各种脱扣器和操作机构等组成。脱扣器又分电磁脱扣器、热脱扣器、复式脱扣器、欠压脱扣器和分励脱扣器等 5 种。

DZ47系列三相断路器　　DZ108系列塑壳式断路器　　DZ20系列断路器　　DW45系列万能式断路器

图 5-5　常用断路器外形

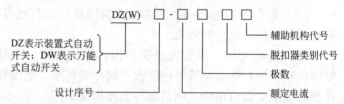

图 5-6　低压断路器结构示意图

1,9—弹簧；2—主触点；3—传动杆；4—锁扣；5—轴；6—电磁脱口器；7—杠杆；8,10—衔铁；11—欠压脱口器；12—双金属片；13—发热元件

图 5-6 所示断路器处于闭合状态，3 个主触点通过传动杆与锁扣保持闭合，锁扣可绕轴 5 转动。断路器的自动分断是由电磁脱扣器 6、欠压脱扣器 11 和双金属片 12 使锁扣 4 被杠杆 7 顶开而完成的。正常工作中，各脱扣器均不动作，而当电路发生短路、欠压或过载故障时，分别通过各自的脱扣器使锁扣被杠杆顶开，实现保护作用。

（2）低压断路器的表示方式

① 型号　低压断路器的标志组成及其含义如下。

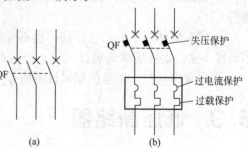

DZ(W)□-□□□□

DZ表示装置式自动开关；DW表示万能式自动开关

设计序号

极数

额定电流

脱扣器类别代号

辅助机构代号

② 电气符号　低压断路器的图形及文字符号如图 5-7 所示。

不同断路器的保护是不同的，使用时应根据需要选用。在图形符号中也可以标注其保护方式，如图 5-7（b）所示，断路器图形符号中标注了失压、过电流、过载 3 种保护方式。

（3）低压断路器的技术参数

低压断路器的主要技术参数有额定电压、额定电流、通断能力和分断时间等。

QF

QF

失压保护

过电流保护

过载保护

（a）　　　　（b）

图 5-7　低压断路器图形及文字符号

通断能力是指断路器在规定的电压、频率以及规定的线路参数（交流电路为功率因数，直流电路为时间常数）下，能够分断的最大短路电流值。

分断时间是指断路器切断故障电流所需的时间。

DZ20 系列低压断路器的主要技术参数如表 5-5 所示。

表 5-5　DZ20 系列低压断路器的主要技术参数

型　号	额定电流/A	机械寿命/次	电气寿命/次	过电流脱扣器范围/A	短路通断能力			
					交流		直流	
					电压/V	电流/kA	电压/V	电流/kA
DZ20Y-100	100	8000	4000	16、20、32、40、50、63、80、100	380	18	220	10
DZ20Y-200	200	8000	2000	100、125、160、180、200	380	25	220	25
DZ20Y-400	400	5000	1000	200、225、315、350、400	380	30	380	25
DZ20Y-630	630	5000	1000	500、630	380	30	380	25
DZ20Y-800	800	3000	500	500、600、700、800	380	42	380	25
DZ20Y-1250	1250	3000	500	800、1000、1250	380	50	380	30

（4）低压断路器的选择与故障处理

低压断路器的选择应注意以下几点：

① 低压断路器的额定电流和额定电压应大于或等于线路、设备的正常工作电压和工作电流。

② 低压断路器的极限通断能力应大于或等于电路最大短路电流。

③ 欠电压脱扣器的额定电压等于线路的额定电压。

④ 过电流脱扣器的额定电流大于或等于线路的最大负载电流。

使用低压断路器来实现短路保护比熔断器优越，因为当三相电路短路时，很可能只有一相的熔断器熔断，造成断相运行。对于低压断路器来说，只要造成短路都会使开关跳闸，将三相同时切断。另外还有其他自动保护作用。但其结构复杂、操作频率低、价格较高，因此适用于要求较高的场合，如电源总配电盘。

低压断路器常见故障及其处理方法如表 5-6 所示。

表 5-6　低压断路器常见故障及其处理方法

故障现象	产生原因	修理方法
手动操作断路器不能闭合	①电源电压太低 ②热脱扣的双金属片尚未冷却复原 ③欠电压脱扣器无电压或线圈损坏 ④储能弹簧变形，导致闭合力减小 ⑤反作用弹簧力过大	①检查线路并调高电源电压 ②待双金属片冷却后再合闸 ③检查线路，施加电压或调换线圈 ④调换储能弹簧 ⑤重新调整弹簧反力
电动操作断路器不能闭合	①电源电压不符合要求 ②电源容量不够 ③电磁铁拉杆行程不够 ④电动机操作定位开关变位	①调换电源 ②增大操作电源容量 ③调整或调换拉杆 ④调整定位开关
电动机启动时断路器立即分断	①过电流脱扣器瞬时整定值太小 ②脱扣器某些零件损坏 ③脱扣器反力弹簧断裂或落下	①调整瞬间整定值 ②调换脱扣器或损坏的零部件 ③调换弹簧或重新装好弹簧

续表

故障现象	产生原因	修理方法
分励脱扣器不能使断路器分断	①线圈短路 ②电源电压太低	①调换线圈 ②检修线路调整电源电压
欠电压脱扣器噪声大	①反作用弹簧力太大 ②铁芯工作面有油污 ③短路环断裂	①调整反作用弹簧 ②清除铁芯油污 ③调换铁芯
欠电压脱扣器不能使断路器分断	①反力弹簧弹力变小 ②储能弹簧断裂或弹簧力变小 ③机构生锈卡死	①调整弹簧 ②调换或调整储能弹簧 ③清除锈污

5.4 接触器

接触器是一种用来接通或切断交、直流主电路和控制电路，并且能够实现远距离控制的电器。大多数情况下其控制对象是电动机，也可用于其他电力负载。接触器不仅能自动地接通和断开电路，还具有控制容量大、欠电压释放保护、零压保护、频繁操作、工作可靠、寿命长等优点。因此，在电力拖动和自动控制系统中，接触器是运用最广泛的控制电器之一。

(1) 接触器的结构

交流接触器主要由触点系统、电磁系统、灭弧装置三大部分组成，另外还有反作用力弹簧、缓冲弹簧、触点压力弹簧和传动机构等部分。按控制电流性质的不同，接触器分为交流接触器和直流接触器两大类。图 5-8 所示为几款接触器外形图。

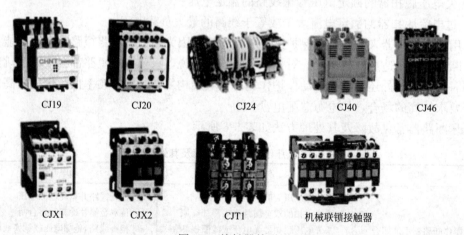

CJ19	CJ20	CJ24	CJ40	CJ46

CJX1	CJX2	CJT1	机械联锁接触器

图 5-8 接触器外形

交流接触器常用于远距离、频繁地接通和分断额定电压至 1140V、电流至 630A 的交流电路。图 5-9 为交流接触器的结构示意图，它分别由电磁系统、触点系统、灭弧装置和其他部件组成。

当交流接触器的电磁线圈接通电源时，线圈电流产生磁场，使静铁芯产生足以克服弹簧反作用力的吸力，将动铁芯向下吸合，使常开主触点和常开辅助触点闭合，常闭辅助触点断开。主触点将主电路接通，辅助触点则接通或分断与之相联的控制电路。当接触器线圈断电时，静铁芯吸力消失，动铁芯在反作用弹簧力的作用下复位，各触点也随之复位。

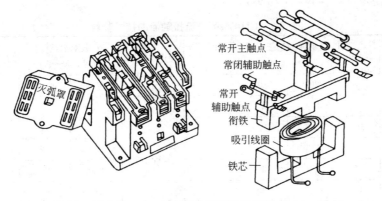

图 5-9 交流接触器结构示意图

交流接触器的铁芯和衔铁由 E 形硅钢片叠压而成，以防止涡流和过热，铁芯上还装有短路环防止振动和噪声。接触器的触点分主触点和辅助触点，主触点通常有三对，用于通断主电路，辅助触点通常有两开两闭，用在控制电路中起电气自锁和互锁等作用。当接触器的动静触点分开时，会产生空气放电，即"电弧"，由于电弧的温度高达 3000℃或更高，会导致触点被严重烧灼，缩短了电器的寿命，给电气设备的运行安全和人身安全等都造成了极大的威胁，因此，必须采取有效方法，尽可能消灭电弧。

常用的交流接触器有 CJ10 系列（可取代 CJ0、CJ8 等老产品）、CJ12、CJ12B 系列（可取代 CJ1、CJ2、CJ3 等老产品），其中 CJ10 是统一设计产品。

(2) 接触器的表示方式

① 型号 接触器的标志组成及其含义如下。

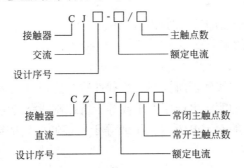

② 电气符号 交、直流接触器的图形符号及文字符号如图 5-10 所示。

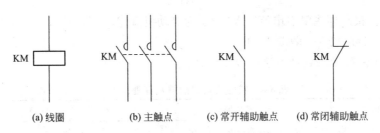

图 5-10 接触器图形及文字符号

(3) 接触器的技术参数

接触器的主要技术参数有额定电压、额定电流、吸引线圈的额定电压、电气寿命、机械

寿命和额定操作频率，如表 5-7 所示。

表 5-7 CJ10 系列交流接触器的技术参数

型　号	额定电压/V	额定电流/A	可控制的三相异步电动机的最大功率/kW			额定操作频率/(次/h)	线圈消耗功率/(V·A)		机械寿命/万次	电寿命/万次
			220V	380V	550V		启动	吸持		
CJ10-5		5	1.2	2.2	2.2		35	6		
CJ10-10		10	2.2	4	4		65	11		
CJ10-20	380 500	20	5.5	10	10	600	140	22	300	60
CJ10-40		40	11	20	20		230	32		
CJ10-60		60	17	30	30		485	95		
CJ10-100		100	30	50	50		760	105		
CJ10-150		150	43	75	75		950	110		

接触器铭牌上的额定电压是指主触点的额定电压，交流有 127V、220V、380V、500V 等档次；直流有 110V、220V、440V 等档次。

接触器铭牌上的额定电流是指主触点的额定电流，有 5A、10A、20A、40A、60A、100A、150A、250A、400A 和 600A 等档次。

接触器吸引线圈的额定电压交流有 36V、110V、127V、220V、380V 等档次；直流有 24V、48V、220V、440V 等档次。

接触器的电气寿命用其在不同使用条件下无须修理或更换零件的负载操作次数来表示。接触器的机械寿命用其在需要正常维修或更换机械零件前，包括更换触点，所能承受的无载操作循环次数来表示。

额定操作频率是指接触器的每小时操作次数。

(4) 接触器的选择与故障处理

接触器的选择主要考虑以下几个方面：

① 接触器的类型　根据接触器所控制的负载性质，选择直流接触器或交流接触器。

② 额定电压　接触器的额定电压应大于或等于所控制线路的电压。

③ 额定电流　接触器的额定电流应大于或等于所控制电路的额定电流。对于电动机负载可按下列经验公式计算：

$$I_c = \frac{P_N}{KU_N}$$

式中，I_c 为接触器主触点电流，A；P_N 为电动机额定功率，kW；U_N 为电动机额定电压，V；K 为经验系数，一般取 1～1.4。

接触器常见故障及其处理方法如表 5-8 所示。

表 5-8 接触器常见故障及其处理方法

故障现象	产生原因	修理方法
接触器不吸合或吸不牢	①电源电压过低 ②线圈断路 ③线圈技术参数与使用条件不符 ④铁芯机械卡阻	①调高电源电压 ②调换线圈 ③调换线圈 ④排除卡阻物

续表

故障现象	产生原因	修理方法
线圈断电，接触器不释放或释放缓慢	①触点熔焊 ②铁芯表面有油污 ③触点弹簧压力过小或复位弹簧损坏 ④机械卡阻	①排除熔焊故障，修理或更换触点 ③清理铁芯极面 ③调整触点弹簧力或更换复位弹簧 ④排除卡阻物
触点熔焊	①操作频率过高或过负载使用 ②负载侧短路 ③触点弹簧压力过小 ④触点表面有电弧灼伤 ⑤机械卡阻	①调换合适的接触器或减小负载 ②排除短路故障更换触点 ③调整触点弹簧压力 ④清理触点表面 ⑤排除卡阻物
铁芯噪声过大	①电源电压过低 ②短路环断裂 ③铁芯机械卡阻 ④铁芯极面有油垢或磨损不平 ⑤触点弹簧压力过大	①检查线路并提高电源电压 ②调换铁芯或短路环 ③排除卡阻物 ④用汽油清洗极面或更换铁芯 ⑤调整触点弹簧压力
线圈过热或烧毁	①线圈匝间短路 ②操作频率过高 ③线圈参数与实际使用条件不符 ④铁芯机械卡阻	①更换线圈并找出故障原因 ②调换合适的接触器 ③调换线圈或接触器 ④排除卡阻物

5.5 电磁式继电器

在控制电路中用的继电器大多是电磁式继电器。电磁式继电器具有结构简单，价格低廉，使用维护方便，触点容量小（一般在5A以下），触点数量多且无主、辅之分，无灭弧装置，体积小，动作迅速、准确，控制灵敏、可靠等特点，广泛地应用于低压控制系统中。

(1) 电磁式继电器的结构

常用的电磁式继电器有电流继电器、电压继电器、中间继电器以及各种小型通用继电器等，其外形如图5-11所示。

(a) 电流继电器   (b) 电压继电器   (c) 中间继电器

图5-11 电磁式继电器外形

① 电流继电器 电流继电器主要用于过载及短路保护。电流继电器的线圈与被测电路串联，以反映电路电流的变化。其线圈匝数少，导线粗，线圈阻抗小。电流继电器除用于电流型保护的场合外，还经常用于按电流原则控制的场合。电流继电器有过电流继电器和欠电流继电器两种，如图5-12所示。

(a) 过电流继电器   (b) 欠电流继电器

图 5-12   电流继电器

过电流继电器在电路正常工作时不动作，整定范围通常为额定电流的 1.1～3.5 倍。当被保护线路的电流高于额定值，并达到过电流继电器的整定值时，衔铁吸合，触点机构动作，控制电路失电，从而控制接触器及时分断电路，对电路起过流保护作用。

欠电流继电器用于欠电流保护，在电路正常工作时，欠电流继电器的衔铁是吸合的，其动合触点闭合，动断触点断开。只有当电流降低到某一整定值时，衔铁释放，控制电路失电，从而控制接触器及时分断电路。

② 电压继电器   电压继电器反映的是电压信号。使用时，电压继电器的线圈并联在被测电路中，线圈的匝数多、导线细、阻抗大。继电器根据所接线路电压值的变化，处于吸合或释放状态。根据动作电压值的不同，电压继电器可分为过电压继电器和欠电压继电器两种。

过电压继电器用于线路的过电压保护，当被保护的电路电压正常时衔铁不动作，当被保护电路的电压高于额定值，达到过电压继电器的整定值时，衔铁吸合，触点机构动作，控制电路失电，控制接触器及时分断被保护电路。

欠电压继电器用于电路的欠电压保护，其释放整定值为电路额定电压的 0.1～0.6 倍。当被保护电路电压正常时衔铁可靠吸合，当被保护电路电压降至欠电压继电器的释放整定值时衔铁释放，触点机构复位，控制接触器及时分断被保护电路。

③ 中间继电器   中间继电器实质上是电压继电器，只是触点对数多，触点容量较大（额定电流为 5～10A）。其主要用途为：当其他继电器的触点对数或触点容量不够时，可以借助中间继电器来扩展它们的触点数或触点容量，起到信号中继作用。中间继电器体积小，动作灵敏度高，并在 10A 以下电路中可代替接触器起控制作用。

电磁式继电器的结构和工作原理与接触器相似，主要由电磁机构和触点系统组成。典型结构如图 5-13 所示。

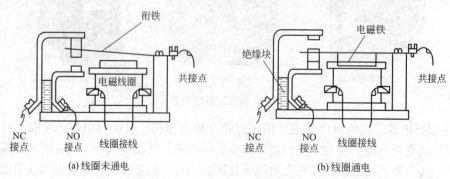

图 5-13   电磁式继电器结构

(2) 电磁式继电器的表示方式

① 型号 电磁式继电器的标志组成及其含义如下。

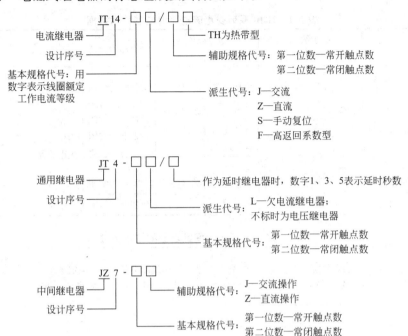

② 电气符号 电磁式继电器的图形符号及文字符号如图 5-14 所示，电流继电器的文字符号为 KI，电压继电器的文字符号为 KV，中间继电器的文字符号为 KA。

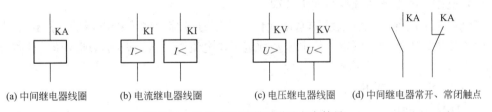

| (a) 中间继电器线圈 | (b) 电流继电器线圈 | (c) 电压继电器线圈 | (d) 中间继电器常开、常闭触点 |

图 5-14 电磁式继电器图形及文字符号

(3) 继电器的技术参数

继电器的主要技术参数有额定工作电压、吸合电流、释放电流、触点切换电压和电流。

额定工作电压是指继电器正常工作时线圈所需要的电压。根据继电器的型号不同，可以是交流电压，也可以是直流电压。

吸合电流是指继电器能够产生吸合动作的最小电流。在正常使用时，给定的电流必须略大于吸合电流，这样继电器才能稳定地工作。而对于线圈所加的工作电压，一般不要超过额定工作电压的 1.5 倍，否则会产生较大的电流而把线圈烧毁。

释放电流是指继电器产生释放动作的最大电流。当继电器吸合状态的电流减小到一定程度时，继电器就会恢复到未通电的释放状态。这时的电流远远小于吸合电流。

触点切换电压和电流是指继电器允许加载的电压和电流。它决定了继电器能控制电压和电流的大小，使用时不能超过此值，否则很容易损坏继电器的触点。

常用电磁式继电器有 JL14、JL18、JZ15、3TH80、3TH82 及 JZC2 等系列。其中 JL14 系列为交直流电流继电器，JL18 系列为交直流过电流继电器，JZ15 为中间继电器，

3TH80、3TH82与JZC2类似，为接触器式继电器。表5-9、表5-10分别列出了JL14、JZ7系列继电器的技术数据。

表5-9 JL14系列交直流电流继电器技术数据

电流种类	型号	吸引线圈额定电流/A	吸合电流调整范围	触点组合形式	用途	备注
直流	JL14-□□Z JL14-□□ZS	1,1.5,2.5,5,10,15,25,40,60,300,600,1200,1500	$70\% \sim 300\% I_N$	3常开,3常闭 2常开,1常闭	在控制电路中作过电流或欠电流保护用	可替代JT3-1、JT4-J、JT4-S、JL3、JL3-J、JL3-S等老产品
	JL14-□□ZO		$30\% \sim 65\% I_N$ 或释放电流在 $10\% \sim 20\% I_N$ 范围	1常开,2常闭 1常开,1常闭		
交流	JL14-□□J JL14-□□JS		$110\% \sim 400\% I_N$	2常开,2常闭 1常开,1常闭		
	JL14-□□JG			1常开,1常闭		

表5-10 JZ7系列中间继电器的技术参数

型号	触点额定电压/V	触点额定电流/A	触点对数		吸引线圈电压（交流50Hz)/V	额定操作频率/(次/h)	线圈消耗功率/(V·A)	
			常开	常闭			启动	吸持
JZ7-44	500	5	4	4	12,36,127,220,380	1200	75	12
JZ7-62	500	5	6	2			75	12
JZ7-80	500	5	8	0			75	12

(4) 电磁式继电器的选择与故障处理

继电器是组成各种控制系统的基础元件，选用时应综合考虑继电器的适用性、功能特点、使用环境、工作制、额定工作电压及额定工作电流等因素，做到合理选择。具体应从以下几方面考虑。

① 类型和系列的选用。

② 使用环境的选用。

③ 使用类别的选用。典型用途是控制交、直流电磁铁，例如交、直流接触器线圈。使用类别如 AC-11、DC-11。

④ 额定工作电压、额定工作电流的选用。继电器线圈的电流种类和额定电压，应注意与系统要一致。

⑤ 工作制的选用。工作制不同对继电器的过载能力要求也不同。

电磁式继电器的常见故障及检修方法与接触器类似。

5.6 时间继电器

在自动控制系统中，需要有瞬时动作的继电器，也需要有延时动作的继电器。时间继电器就是利用某种原理实现触点延时动作的自动电器，经常用于利用时间控制原则进行控制的场合。

(1) 时间继电器的结构

空气阻尼式时间继电器是利用空气阻尼原理获得延时的，其结构由电磁系统、延时机构和触点三部分组成。电磁机构为直动式双 E 型铁芯，触点系统用 LX5 型微动开关，延时机构采用气囊式阻尼器。图 5-15 为常用时间继电器外形图。

JS7系列空气阻尼式 JS14P数字式 JS14A晶体管式 JS14S数字式

JSZ3系列 JSS1数字式 JS11系列电动机式 时间继电器底座

图 5-15　常用时间继电器外形

空气阻尼式时间继电器的电磁机构可以是直流的，也可以是交流的；既有通电延时型的，也有断电延时型的。只要改变电磁机构的安装方向，便可实现不同的延时方式：当衔铁位于铁芯和延时机构之间时为通电延时型的，如图 5-16(a) 所示；当铁芯位于衔铁和延时机构之间时为断电延时型的，如图 5-16(b) 所示。

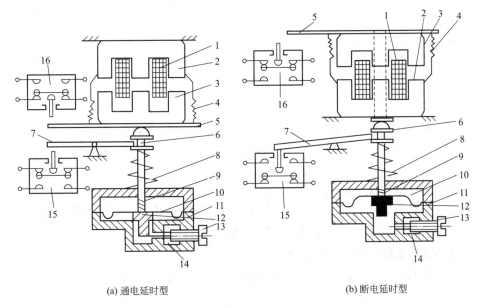

(a) 通电延时型　　　　　　　　　　(b) 断电延时型

图 5-16　JS7-A 系列空气阻尼式时间继电器结构原理图

1—线圈；2—铁芯；3—衔铁；4—反力弹簧；5—推板；6—活塞杆；7—杠杆；8—塔形弹簧；9—弱弹簧；
10—橡皮膜；11—空气室壁；12—活塞；13—调节螺钉；14—进气孔；15，16—微动开关

空气阻尼式时间继电器的特点是：延时范围较大（0.4～180s），结构简单，寿命长，价格低。但其延时误差较大，无调节刻度指示，难以确定整定延时值。在对延时精度要求较高

的场合，不宜使用这种时间继电器。常用的 JS7 系列时间继电器的基本技术参数如表 5-11 所示。

表 5-11　JS7 系列空气阻尼式时间继电器的技术数据

型　号	吸引线圈电压/V	触点额定电压/V	触点额定电流/A	延时范围/s	延时触点				瞬动触点	
					通电延时		断电延时		常开	常闭
					常开	常闭	常开	常闭		
JS7-1A	24，36，110，127,220,380,420	380	5	0.4～60 及 0.4～180	1	1	—	—	—	—
JS7-2A					1	1	—	—	1	1
JS7-3A					—	—	1	1	—	—
JS7-4A					—	—	1	1	1	1

（2）时间继电器的表示方式

① 型号　时间继电器的标志组成及其含义如下。

② 电气符号　时间继电器的图形符号及文字符号如图 5-17 所示。

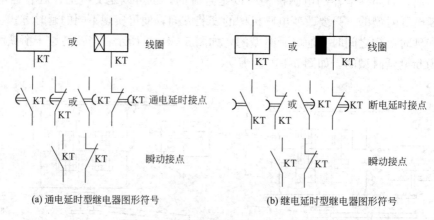

(a) 通电延时型继电器图形符号　　　(b) 继电延时型继电器图形符号

图 5-17　时间继电器图形及文字符号

（3）时间继电器的技术参数

时间继电器的主要技术参数有额定工作电压、额定发热电流、额定控制容量、吸引线圈电压、延时范围、环境温度、延时误差和操作频率，如表 5-11 所示。

（4）时间继电器的选择与故障处理

时间继电器形式多样，各具特点，选择时应从以下几方面考虑。

① 根据控制电路对延时触点的要求选择延时方式，即通电延时型或断电延时型。

② 根据延时范围和精度要求选择继电器类型。

③ 根据使用场合、工作环境选择时间继电器的类型。如电源电压波动大的场合可选空气阻尼式或电动式时间继电器，电源频率不稳定的场合不宜选用电动式时间继电器；环境温度变化大的场合不宜选用空气阻尼式和电子式时间继电器。

空气阻尼式时间继电器常见故障及其处理方法如表 5-12 所示。

表 5-12　空气阻尼式时间继电器常见故障及其处理方法

故障现象	产生原因	修理方法
延时触点不动作	①电磁铁线圈断线 ②电源电压低于线圈额定电压很多 ③电动式时间继电器的同步电动机线圈断线 ④电动式时间继电器的棘爪无弹性,不能刹住棘齿 ⑤电动式时间继电器游丝断裂	①更换线圈 ②更换线圈或调高电源电压 ③调换同步电动机 ④调换棘爪 ⑤调换游丝
延时时间缩短	①空气阻尼式时间继电器的气室装配不严,漏气 ②空气阻尼式时间继电器的气室内橡皮薄膜损坏	①修理或调换气室 ②调换橡皮薄膜
延时时间变长	①空气阻尼式时间继电器的气室内有灰尘,使气道阻塞 ②电动式时间继电器的传动机构缺润滑油	①清除气室内灰尘,使气道畅通 ②加入适量的润滑油

5.7　热继电器

热继电器是一种利用电流的热效应来切换电路的保护电器,它在电路中用作电动机的过载保护。电动机在运行过程中,如果长期过载、频繁启动、欠电压运行或者断相运行等都可能使电动机的电流超过它的额定值。如果电流超过额定值的量不大,熔断器在这种情况下不会熔断,这样会引起电动机过热,损坏绕组的绝缘,缩短电动机的使用寿命,严重时甚至烧坏电动机。因此必须对电动机采取过载保护措施,最常用的是利用热继电器进行过载保护。

(1) 热继电器的结构

电动机在运行过程中若过载时间长,过载电流大,电动机绕组的温升就会超过允许值,使电动机绕组绝缘老化,缩短电动机的使用寿命,严重时甚至会使电动机绕组烧毁。因此,电动机在长期运行中,需要对其过载提供保护装置。热继电器是利用电流的热效应原理实现电动机的过载保护的,图 5-18 为几种常用的热继电器外形图。

JRS1系列　　　　JRS2系列　　　　JR16系列　　　　JRS5系列

图 5-18　常用热继电器外形

热继电器具有反时限保护特性,即过载电流大,动作时间短;过载电流小,动作时间长。当电动机的工作电流为额定电流时,热继电器应长期不动作。其保护特性如表 5-13 所示。

表 5-13　热继电器的保护特性

项　号	整定电流倍数	动作时间	试验条件
1	1.05	>2h	冷态
2	1.2	<2h	热态
3	1.6	<2min	热态
4	6	>5s	冷态

热继电器主要由热元件、双金属片和触点 3 部分组成。双金属片是热继电器的感测元件，由两种线膨胀系数不同的金属片用机械碾压而成。线膨胀系数大的称为主动层，小的称为被动层。图 5-19(a) 是热继电器的结构示意图。热元件串联在电动机定子绕组中，电动机正常工作时，热元件产生的热量虽然能使双金属片弯曲，但还不能使继电器动作。当电动机过载时，流过热元件的电流增大，经过一定时间后，双金属片推动导板使继电器触点动作，切断电动机的控制线路。

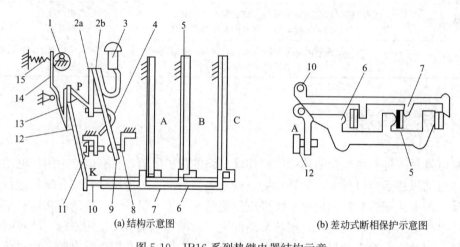

(a) 结构示意图　　　　　　　　　　(b) 差动式断相保护示意图

图 5-19　JR16 系列热继电器结构示意

1—电流调节凸轮；2a, 2b—簧片；3—手动复位按钮；4—弓簧；5—双金属片；6—外导板；
7—内导板；8—常闭静触点；9—动触点；10—杠杆；11—调节螺钉；12—补偿双金属片；
13—推杆；14—连杆；15—压簧

电动机断相运行是电动机烧毁的主要原因之一，因此要求热继电器还应具备断相保护功能，如图 5-19(b) 所示，热继电器的导板采用差动机构，在断相工作时，其中两相电流增大，一相逐渐冷却，这样可使热继电器的动作时间缩短，从而更有效地保护电动机。

(2) 热继电器的表示方式

① 型号　热继电器的型号标志组成及其含义如下。

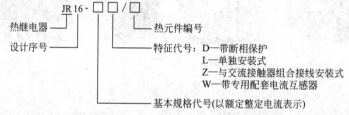

② 电气符号　热继电器的图形符号及文字符号如图 5-20 所示。

(3) 热继电器的技术参数

热继电器的主要技术参数包括额定电压、额定电流、相数、热元件编号及整定电流调节范围等。

热继电器的整定电流是指热继电器的热元件允许长期通过又不致引起继电器动作的最大电流值。对于某一热元件，可通过调节其电流调节旋钮，在一定范围内调节其整定电流。

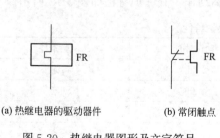

(a) 热继电器的驱动器件　　　　(b) 常闭触点

图 5-20　热继电器图形及文字符号

常用的热继电器有 JRS1、JR20、JR16、JR15、JR14 等系列，引进产品有 T、3UP、LR1-D 等系列。

JR20、JRS1 系列具有断相保护、温度补偿、整定电流值可调、手动脱扣、手动复位、动作后的信号指示灯功能。安装方式上除采用分立结构外，还增设了组合式结构，可通过导电杆与挂钩直接插接，并直接电气连接在 CJ20 接触器上。

表 5-14 所示是 JR16 系列热继电器的主要技术参数。

表 5-14　JR16 系列热继电器的主要参数

型　　号	额定电流/A	热元件规格	
		额定电流/A	电流调节范围/A
JR16-20/3 JR16-20/3D	20	0.35 0.5 0.72 1.1 1.6 2.4 3.5 5 7.2 11 16 22	0.25～0.35 0.32～0.5 0.45～0.72 0.68～1.1 1.0～1.6 1.5～2.4 2.2～3.5 3.5～5.0 6.8～11 10.0～16 14～22
JR16-60/3 JR16-60/3D	60 100	22 32 45 63	14～22 20～32 28～45 45～63
JR16-150/3 JR16-150/3D	150	63 85 120 160	40～63 53～85 75～120 100～160

(4) 热继电器的选择与故障处理

热继电器主要用于电动机的过载保护，使用中应考虑电动机的工作环境、启动情况、负载性质等因素，具体应按以下几个方面来选择。

① 热继电器结构形式的选择：Y 接法的电动机可选用两相或三相结构热继电器；△接法的电动机应选用带断相保护装置的三相结构热继电器。

② 根据被保护电动机的实际启动时间选取 6 倍额定电流下具有相应可返回时间的热继电器。一般热继电器的可返回时间大约为 6 倍额定电流下动作时间的 50%～70%。

③ 热元件额定电流一般可按下式确定：

$$I_N = (0.95～1.05)I_{MN}$$

式中，I_N 为热元件额定电流；I_{MN} 为电动机的额定电流。

对于工作环境恶劣、启动频繁的电动机，则按下式确定：

$$I_N = (1.15～1.5)I_{MN}$$

热元件选好后，还需用电动机的额定电流来调整它的整定值。

④ 对于重复短时工作的电动机（如起重机电动机），由于电动机不断重复升温，热继电

器双金属片的温升跟不上电动机绕组的温升，电动机将得不到可靠的过载保护。因此，不宜选用双金属片热继电器，而应选用过电流继电器或能反映绕组实际温度的温度继电器来进行保护。

热继电器的常见故障及其处理方法如表 5-15 所示。

表 5-15　热继电器的常见故障及其处理方法

故障现象	产生原因	修理方法
热继电器误动作或动作太快	①整定电流偏小 ②操作频率过高 ③连接导线太细	①调大整定电流 ②调换热继电器或限定操作频率 ③选用标准导线
热继电器不动作	①整定电流偏大 ②热元件烧断或脱焊 ③导板脱出	①调小整定电流 ②更换热元件或热继电器 ③重新放置导板并试验动作灵活性
热元件烧断	①负载侧电流过大 ②反复 ③短时工作 ④操作频率过高	①排除故障调换热继电器 ②限定操作频率或调换合适的热继电器
主电路不通	①热元件烧毁 ②接线螺钉未压紧	①更换热元件或热继电器 ②旋紧接线螺钉
控制电路不通	①热继电器常闭触点接触不良或弹性消失 ②手动复位的热继电器动作后，未手动复位	①检修常闭触点 ②手动复位

5.8　速度继电器

（1）速度继电器的结构

速度继电器是用来反映转速与转向变化的继电器。它可以按照被控电动机转速的大小使控制电路接通或断开。速度继电器通常与接触器配合，实现对电动机的反接制动。图 5-21 为几种常用的速度继电器外形图。

JY-1型速度继电器　　　　CT-822速度继电器　　　　JMP-S速度继电器　　　　FKJ-CB速度控制继电器

JMP-SD(S1)双功能速度继电器　　　DSK-F电子速度继电器　　　SKJ-C电子速度继电器

图 5-21　常用速度继电器外形

图 5-22 为速度继电器的结构示意图。它的主要结构是由转子、定子及触点三部分组成的。

速度继电器的转轴和电动机的轴通过联轴器相连，当电动机转动时，速度继电器的转子随之转动，定子内的绕组便切割磁感线，产生感应电动势，而后产生感应电流，此电流与转子磁场作用产生转矩，使定子开始转动。电动机转速达到某一值时，产生的转矩能使定子转到一定角度使摆杆推动常闭触点动作；当电动机转速低于某一值或停转时，定子产生的转矩会减小或消失，触点在弹簧的作用下复位。

速度继电器有两组触点（每组各有一对常开触点和常闭触点），可分别控制电动机正、反转的反接制动。

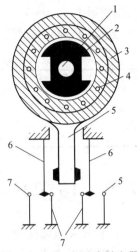

图 5-22 JY1 型速度继电器
结构示意图
1—转轴；2—转子；3—定子；
4—绕组；5—胶木摆杆；
6—动触点；7—静触点

(2) 速度继电器的表示方式

① 型号 常用的速度继电器有 JY1 型和 JFZ0 型，一般速度继电器的动作速度为 120r/min，触点的复位速度值为 100r/min。在连续工作制中，能可靠地工作在 1000～3600r/min，允许操作频率为每小时不超过 30 次。速度继电器的标志组成及其含义如下。

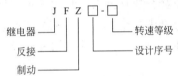

② 电气符号 速度继电器的图形符号及文字符号如图 5-23 所示。

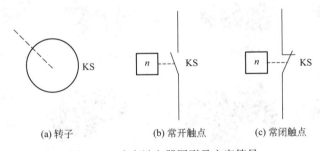

(a) 转子   (b) 常开触点   (c) 常闭触点

图 5-23 速度继电器图形及文字符号

(3) 速度继电器的技术参数

JY1、JFZ0 系列速度继电器的主要参数如表 5-16 所示。

表 5-16 JY1、JFZ0 系列速度继电器的主要参数

型号	触点额定电压/V	触点额定电流/A	触点数量		额定工作转速/(r/min)	允许操作频率/次
			正转时动作	反转时动作		
JY1 JFZ0	380	2	1 常开 0 常闭	1 常开 0 常闭	100～3600 300～3600	<30

(4) 速度继电器的选择与故障处理

速度继电器主要根据电动机的额定转速来选择。使用时，速度继电器的转轴应与电动机同轴连接；安装接线时，正反向的触点不能接错，否则不能起到反接制动时接通和断开反向

电源的作用。

速度继电器的常见故障及其处理方法如表 5-17 所示。

表 5-17 速度继电器的常见故障及其处理方法

故障现象	产生原因	修理方法
制动时速度继电器失效,电动机不能制动	①速度继电器胶木摆杆断裂 ②速度继电器常开触点接触不良 ③弹性动触片断裂或失去弹性	①调换胶木摆杆 ②清洗触点表面油污 ③调换弹性动触片

5.9 按钮开关

按钮开关也叫按键,是一种手按下即动作,手释放即复位的短时接通的小电流开关电器。它适用于交流电压 500V 或直流电压 440V,电流为 5A 及以下的电路中。一般情况下它不直接操纵主电路的通断,而是在控制电路中发出"指令",通过接触器、继电器等电器去控制主电路;也可用于电气联锁等线路中。

(1) 按钮开关的结构

按钮开关由按钮帽、复位弹簧、常开触点、常闭触点、接线柱、外壳等组成,按钮开关按照用途和触点的结构不同分为停止按钮(常闭按钮)、启动按钮(常开按钮)及复合按钮(常开常闭组合按钮)。按钮的种类很多,常用的按钮外形如图 5-24 所示。

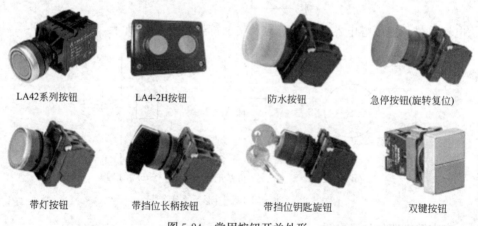

LA42系列按钮　　　LA4-2H按钮　　　防水按钮　　　急停按钮(旋转复位)

带灯按钮　　　带挡位长柄按钮　　　带挡位钥匙旋钮　　　双键按钮

图 5-24 常用按钮开关外形

实用中,为了避免误操作,通常在按钮上做出不同标记或涂以不同的颜色加以区分,其颜色有红、黄、蓝、白、绿、黑等。一般红色表示停止按钮;绿色表示启动按钮;急停按钮必须用红色蘑菇按钮。

(2) 按钮的表示方式

① 型号　按钮型号标志组成及其含义如下。

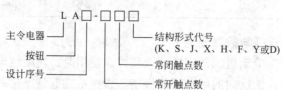

主令电器 —— L A □ - □□□ —— 结构形式代号
按钮 —— A (K、S、J、X、H、F、Y或D)
设计序号 —— 常闭触点数
常开触点数

其中，结构形式代号的含义为：K 为开启式，S 为防水式，J 为紧急式，X 为旋钮式，H 为保护式，F 为防腐式，Y 为钥匙式，D 为带灯按钮。

② 电气符号　按钮的图形符号及文字符号如图 5-25 所示。

常开按钮　　　　　　常闭按钮　　　　　　复合按钮

图 5-25　按钮图形及文字符号

(3) 按钮的技术参数

按钮的主要技术参数有额定绝缘电压 U_i、额定工作电压 U_N、额定工作电流 I_N，如表 5-18 所示。

表 5-18　LA19 系列按钮的技术参数

型号规格	额定电压/V		约定发热电流/A	额定工作电流		信号灯		触点对数		结构形式
	交流	直流		交流	直流	电压/V	功率/W	常开	常闭	
LA19-11	380	220	5	380V/0.8A	220V/0.3A			1	1	一般式
LA19-11D	380	220	5			6	1	1	1	带指示灯式
LA19-11J	380	220	5	220V/1.4A	110V/0.6A			1	1	蘑菇式
LA19-11DJ	380	220	5			6	1	1	1	蘑菇带灯式

(4) 按钮的选择与故障处理

按钮主要根据使用场合、用途、控制需要及工作状况等进行选择。

① 根据使用场合选择控制按钮的种类，如开启式、防水式、防腐式等。

② 根据用途选用合适的形式，如钥匙式、紧急式、带灯式等。

③ 根据控制回路的需要确定不同的按钮数，如单钮、双钮、三钮、多钮等。

④ 根据工作状态指示和工作情况的要求选择按钮及指示灯的颜色。

按钮的常见故障及其处理方法如表 5-19 所示。

表 5-19　按钮的常见故障及其处理方法

故障现象	产生原因	修理方法
按下启动按钮时有触电感觉	①按钮的防护金属外壳与连接导线接触 ②按钮帽的缝隙间充满铁屑,使其与导电部分形成通路	①检查按钮内连接导线 ②清理按钮及触点
按下启动按钮,不能接通电路,控制失灵	①接线头脱落 ②触点磨损松动,接触不良 ③动触点弹簧失效,使触点接触不良	①检查启动按钮连接线 ②检修触点或调换按钮 ③重绕弹簧或调换按钮
按下停止按钮,不能断开电路	①接线错误 ②尘埃或机油、乳化液等流入按钮形成短路 ③绝缘击穿短路	①更改接线 ②清扫按钮并相应采取密封措施 ③调换按钮

5.10 行程开关

行程开关又称限位开关或位置开关，是一种利用生产机械的某些运动部件的碰撞来发出控制指令的主令电器，用于控制生产机械的运动方向、行程大小和位置保护等。

行程开关的种类很多，常用的行程开关有按钮式、单轮旋转式、双轮旋转式行程开关，它们的外形如图 5-26 所示。

(a) 直动式　　(b) 单滚轮式　　(c) 双滚轮式　　(d) 微动式

图 5-26　常用行程开关外形

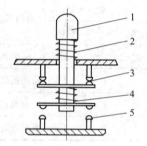

图 5-27　直动式行程开关
1—顶杆；2—弹簧；3—常闭触点；
4—触点弹簧；5—常开触点

(1) 行程开关的结构

各种系列的行程开关其基本结构大体相同，都是由操作头、触点系统和外壳组成的。操作头接受机械设备发出的动作指令或信号，并将其传递到触点系统，触点再将操作头传递来的动作指令或信号通过本身的结构功能变成电信号，输出到有关控制回路。其结构示意图如图 5-27～图 5-29 所示。

(2) 行程开关的动作原理

① 直动式行程开关　其动作原理与控制按钮类似，所不同的是按钮是手动的，行程开关则由运动部件的撞块碰撞。当外界运动部件上的撞块碰压行程开关的推杆使其触点动作，且运动部件离开后，在弹簧作用下，其触点自动复位。直动式行程开关的优点是结构

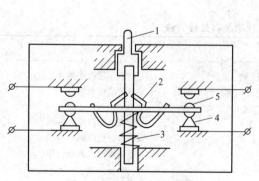

图 5-28　微动式行程开关
1—推杆；2—弹簧；3—压缩弹簧；
4—常闭触点；5—常开触点

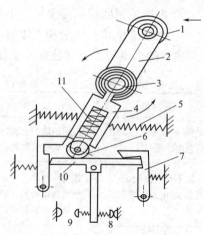

图 5-29　滚动式行程开关
1—滚轮；2—上传臂；3,5,11—弹簧；4—套架；6—滑轮；7—压板；8,9—触点；10—横板

简单，成本较低；缺点是触点的分合速度取决于生产机械的运行速度，不宜用于速度低于0.4m/min的场所。若撞块移动得太慢，则触点就不能瞬时切断电路，使电弧在触点上停留时间过长，易于烧蚀触点。

② 滚动式行程开关　当运动机械上的挡铁（撞块）压到行程开关的滚轮上时，传动杠杆连同转轴一同转动，使凸轮推动撞块，当撞块碰压到一定位置时，推动微动开关快速动作。当滚轮上的挡铁移开后，复位弹簧就使行程开关复位，这是单轮自动复位式行程开关。而双轮旋转式行程开关不能自动复位，它依靠运动机械反向移动时，挡铁碰撞另一滚轮使其复位。

(3) 行程开关的表达方式

① 型号　行程开关的型号标志组成及其含义如下。

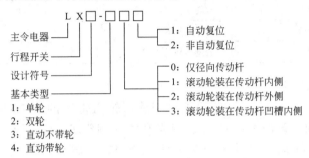

② 电气符号　行程开关的图形符号及文字符号如图5-30所示。

图5-30　行程开关图形及文字符号

(4) 行程开关的技术参数

行程开关的主要技术参数有额定电压、额定电流、触点数量、动作行程、触点转换时间、动作力等，如表5-20所示。

表5-20　常用行程开关的主要技术参数

型号	额定电压/V	额定电流/A	结构形式	常开触点对数	常闭触点对数	工作行程	超行程
LX19K	交流380 交流220	5	元件	1	1	3mm	1mm
LX19-001	交流380 交流220	5	无滚轮,仅用传动杆,能自动复位	1	1	<4mm	>3mm
LX19K-111	交流380 交流220	5	单轮,滚轮装在传动杆内侧,能自动复位	1	1	约30°	约20°
LX19-121	交流380 交流220	5	单轮,滚轮装在传动杆外侧,能自动复位	1	1	约30°	约20°
LX19-131	交流380 交流220	5	单轮,滚轮装在传动杆凹槽内	1	1	约30°	约20°

续表

型号	额定电压/V	额定电流/A	结构形式	常开触点对数	常闭触点对数	工作行程	超行程
LX19-212	交流 380 交流 220	5	双轮，滚轮装在 U 形传动杆内侧，不能自动复位	1	1	约 30°	约 15°
LX19-222	交流 380 交流 220	5	双轮，滚轮装在 U 形传动杆外侧，不能自动复位	1	1	约 30°	约 15°
LX19-232	交流 380 交流 220	5	双轮，滚轮装在 U 形传动杆内外侧各一，不能自动复位	1	1	约 30°	约 15°
JLXK1-111	交流 500	5	单轮防护式	1	1	12°～15°	≤30°
JLXK1-211	交流 500	5	双轮防护式	1	1	约 45°	≤45°
JLXK1-311	交流 500	5	直动防护式	1	1	1～3mm	2～4mm
JLXK1-411	交流 500	5	直动滚轮防护式	1	1	1～3mm	2～4mm

(5) 行程开关的选择

目前，国内生产的行程开关品种规格很多，较为常用的有 LXW5、LX19、LXK3、LX32、LX33 等系列。新型 3SES3 系列行程开关的额定工作电压为 500V，额定电流为 10A，其机械、电气寿命比常见行程开关更长。LXW5 系列为微动开关。

行程开关在选用时，应根据不同的使用场合，满足额定电压、额定电流、复位方式和触点数量等方面的要求。

① 根据应用场合及控制对象选择种类。

② 根据控制要求确定触点的数量和复位方式。

③ 根据控制回路的额定电压和电流选择系列。

④ 根据安装环境确定开关的防护形式，如开启式或保护式。

第6章

变压器

6.1 变压器的基础知识

变压器是一种能提升或降低交流电压、电流的电气设备。无论是在电力系统中，还是在微电子技术领域，变压器都得到了广泛的应用。

6.1.1 结构与工作原理

变压器主要由绕组和铁芯组成，其结构与符号如图 6-1 所示。

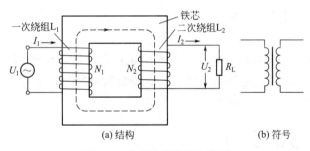

图 6-1 变压器的结构与符号

从图中可以看出，两组绕组 L_1、L_2 绕在同一铁芯上就构成了变压器。一个绕组与交流电源连接，该绕组称为一次绕组（或称原边绕组、初级绕组），匝数（即圈数）为 N_1；另一个绕组与负载 R_L 连接，称为二次绕组（或称副边绕组、次级绕组），匝数为 N_2。当交流电压 U_1 加到一次绕组 L_1 两端时，有交流电流 I_1 流过 L_1，L_1 产生变化的磁场，变化的磁场通过铁芯穿过二次绕组 L_2，L_2 两端会产生感应电压 U_2，并输出电流 I_2 流经负载 R_L。

实际的变压器铁芯并不是一块厚厚的环形铁，而是由很多薄薄的、涂有绝缘层的硅钢片叠在一起而构成的，常见的硅钢片主要有芯式和壳式两种，其形状如图 6-2 所示。由于在闭合的硅钢片上绕制绕组比较困难，因此每片硅钢片都分成两部分，

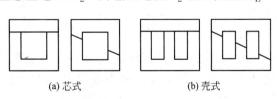

图 6-2 硅钢片的形状

先在其中一部分上绕好绕组，然后再将另一部分与它拼接在一起。

变压器的绕组一般采用表面涂有绝缘漆的铜线绕制而成，对于大容量的变压器则常采用

绝缘的扁铜线或铝线绕制而成。变压器接高压的绕组称为高压绕组，其线径细、匝数多；接低压的绕组称为低压绕组，其线径粗、匝数少。

变压器是由绕组绕制在铁芯上构成的，对于不同形状的铁芯，绕组的绕制方法有所不同，图 6-3 所示是几种绕组在铁芯上的绕制方式。从图中可以看出，不管是芯式铁芯，这是壳式铁芯，高、低压绕组并不是各绕在铁芯的一侧，而是绕在一起，图中线径粗的绕组绕在铁芯上构成低压绕组，线径细的绕组则绕在低压绕组上。

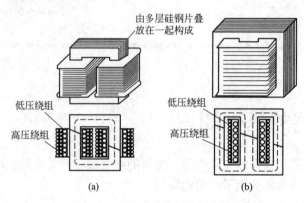

图 6-3　变压器的绕组绕制方式

6.1.2　基本功能

变压器的基本功能是电压变换和电流变换。

(1) 电压变换

变压器既可以升高交流电压，也可以降低交流电压。在忽略变压器对电能损耗的情况下，变压器一次、二次绕组的电压与一次、二次绕组的匝数的关系为

$$\frac{U_1}{U_2} = \frac{N_1}{N_2} = K$$

式子中的 K 称为匝数比或变压比，由上式可知：

① 当 $N_1 < N_2$（即 $K < 1$）时，变压器输出电压 U_2 较输入电压 U_1 高，故 $K < 1$ 的变压器称为升压变压器；

② 当 $N_1 > N_2$（即 $K > 1$）时，变压器输出电压 U_2 较输入电压 U_1 低，故 $K > 1$ 的变压器称为降压变压器；

③ 当 $N_1 = N_2$（即 $K = 1$）时，变压器输出电压 U_2 和输入电压 U_1 相等，这种变压器不能改变交流电压的大小，但能将一次、二次绕组电路隔开，故 $K = 1$ 的变压器常称为隔离变压器。

(2) 电流变换

变压器不但能改变交流电压的大小，还能改变交流电流的大小。在忽略变压器对电能损耗的情况下，变压器的一次绕组的功率 P_1（$P_1 = U_1 I_1$）与二次绕组的功率 P_2（$P_2 = U_2 I_2$）是相等的，即

$$U_1 I_1 = U_2 I_2$$

由上式可知，变压器一次、二次绕组的电压与一次、二次绕组的电流成反比：若提升二次绕组的电压，则会使二次绕组的电流减小；若降低二次绕组的电压，则二次绕组的电流会增大。

综上所述，对于变压器来说，不管是一次或是二次绕组，匝数越多，它两端的电压就越高，流过的电流就越小。例如，某变压器的二次绕组匝数少于一次绕组匝数，其二次绕组两端的电压就低于一次绕组两端的电压，而二次绕组的电流比一次绕组的大。

6.1.3 极性

变压器可以改变交流信号的电压或电流大小，但不能改变交流信号的频率，当一次绕组的交流电压极性变化时，二次绕组上的交流电压极性也会变化，它们的极性变化有一定的规律。下面以图6-4来说明这个问题。

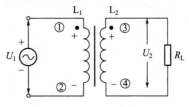

图 6-4 变压器的极性说明

(1) 同名端

交流电压 U_1 加到变压器的一次绕组 L_1 两端，在二次绕组 L_2 两端会感应出电压 U_2，并送给负载 R_L。假设 U_1 的极性是上正下负，L_1 两端的电压也为①正②负（即上正下负），L_2 两端感应出来的电压有两种可能：一是③正④负，二是③负④正。

如果 L_2 两端的感应电压极性是③正④负，那么 L_2 的③端与 L_1 的①端的极性是相同的，也就是说 L_2 的③端与 L_1 的①端是同名端，为了表示两者是同名端，常在该端标注"·"。当然，因为②端与④端极性也是相同的，故它们也是同名端。

如果 L_2 两端的感应电压极性是③负④正，那么 L_2 的④端与 L_1 的①端的极性是相同的，L_2 的④端与 L_1 的①端就是同名端。

(2) 同名端的判别

根据不同情况，可采用下面两种方法来判别变压器的同名端。

① 对于已知绕向的变压器，可分别给两个绕组通电流，然后用右手螺旋定则来判断两个绕组产生磁场的方向，以此来确定同名端。

如果电流流过两个绕组，两个绕组产生的磁场方向一致，则两个绕组的电流输入端为同名端。如图 6-5(a) 所示，电流 I_1 从①端流入一次绕组 L_1，它产生的磁场方向为顺时针，电流 I_2 从③端流入二次绕组 L_2，L_2 产生的磁场也为顺时针，即两绕组产生的磁场方向一致，两个绕组的电流输入端①、③为同名端。

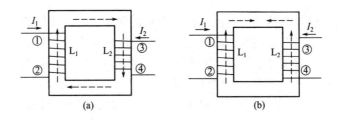

图 6-5 已知绕向的变压器极性判别

如果电流流过两个绕组，两个绕组产生的磁场方向相反，则一个绕组的电流输入端与另一个绕组的电流输出端为同名端。如图 6-5(b) 所示，绕组 L_1 产生的磁场方向为顺时针，L_2 产生的磁场为逆时针，即两绕组产生的磁场方向相反，绕组 L_1 的电流输入端①与 L_2 的电流输出端④为同名端。

② 对于已封装好、无法知道绕向的变压器。在平时接触更多的是已封装好的变压器，

对于这种变压器是很难知道其绕组绕向的，用前面的方法无法判别出同名端，此时可使用实验的方法判别，该方法说明如下。

如图 6-6(a) 所示，将变压器的一个绕组的一端与另一个绕组的一端连接起来（图中是将②、④端连接起来），再在两个绕组另一端之间连接一个电压表（图中是在①、③端之间连接电压表），然后给一个绕组加一个较低的交流电压（图中是在①、②端加 U_1 电压）。观察电压表 V 测得的电压值 U，如果电压值是两个绕组电压的和，即 $U=U_1+U_2$，则①、④端为同名端，其等效原理如图 6-6(b) 所示；如果 $U=U_1-U_2$，则①、③端为同名端，其等效原理如图 6-6(c) 所示。

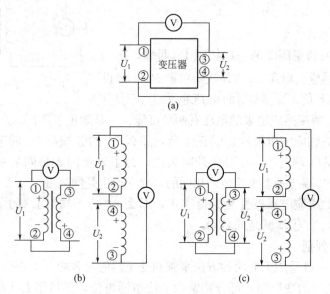

图 6-6　绕向未知的变压器极性判别

6.2　三相变压器

6.2.1　电能的传送

发电部门的发电机将其他形式的能（如水能和化学能）转换成电能，电能再通过导线传送给用户。由于用户与发电部门的距离往往很远，电能传送需要很长的导线，电能在导线传送的过程中有损耗。根据焦耳定律 $Q=I^2Rt$ 可知，损耗的大小主要与流过导线的电流和导线的电阻有关，电流、电阻越大，导线的损耗越大。

为了降低电能在导线上传送产生的损耗，可减小导线电阻和降低流过导线的电流。具体做法有：通过采用电阻率小的铝或铜材料制作成粗导线来减小导线的电阻；通过提高传送电压来减小电流，这是根据 $P=UI$，在传送功率一定的情况下，导线电压越高，流过导线的电流越小。

电能从发电站传送到用户的过程如图 6-7 所示。发电机输出的电压先送到升压变电站进行升压，升压后得到 110～330kV 的

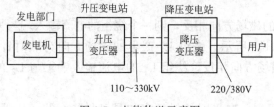

图 6-7　电能传送示意图

高压，高压经导线进行远距离传送，到达目的地后，再由降压变电站的降压变压器将高压降低到 220V 或 380V 的低压，提供给用户。实际上，在提升电压时，往往不是依靠一个变压器将低压提升到很高的电压，而是经过多个升压变压器一级级进行升压的，在降压时，也需要经多个降压变压器进行逐级降压。

6.2.2　三相变压器

（1）三相交流电的产生

目前电力系统广泛采用三相交流电，三相交流电是由三相交流发电机产生的。三相交流发电机的原理示意图如图 6-8 所示。从图中可以看出，三相发电机主要是由 U、V、W 三个绕组和磁铁组成的，当磁铁旋转时，在 U、V、W 绕组中分别产生电动势，各绕组两端的电压分别为 U_U、U_V、U_W，这 3 个绕组输出的 3 组交流电压就称为三相交流电压。

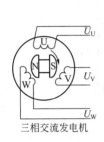

图 6-8　三相交流发电机原理示意图

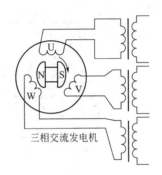

图 6-9　利用 3 个单相变压器改变三相交流电压

（2）利用单相变压器改变三相交流电压

要将三相交流发电机产生的三相电压传送出去，为了降低线路损耗，需对每相电压都进行提升，简单的做法是采用 3 个单相变压器，如图 6-9 所示。单相变压器是指一次绕组和二次绕组分别只有一组的变压器。

（3）利用三相变压器改变三相交流电压

将 3 对绕组绕在同一铁芯上可以构成三相变压器。三相变压器的结构如图 6-10 所示。利用三相变压器也可以改变三相交流电压，具体接法如图 6-11 所示。

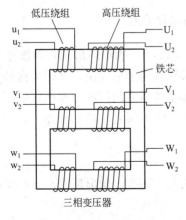

图 6-10　三相变压器的结构

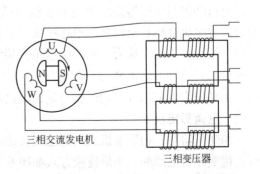

图 6-11　利用三相变压器改变三相交流电压

6.2.3　三相变压器的工作接线方法

(1) 星形接法

用图 6-11 所示的方法连接三相发电机与三相变压器，缺点是连接所需的导线太多，在进行远距离电能传送时必然会使线路成本上升，而采用星形接法可以减少导线数量，从而降低成本。发电机绕组与变压器绕组的星形连接方式如图 6-12 所示。

变压器的星形接线方式如图 6-12(a) 所示，将发电机的三相绕组的末端连起来构成一个连接点，该连接点称为中性点，将变压器 3 个低压绕组（匝数少的绕组）的末端连接起来构成中性点，将变压器 3 个高压绕组的末端连接起来构成中性点，然后将发电机三相绕组的首端分别与变压器 3 个低压绕组的首端连接起来。

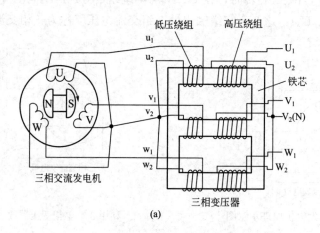

(a)

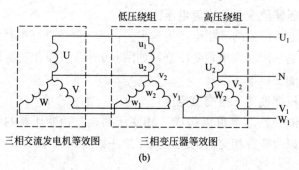

(b)

图 6-12　发电机绕组与变压器绕组的星形连接方式

发电机绕组与变压器绕组的星形连接方式可以画成图 6-12(b) 所示的形式，从图中可以看出，发电机绕组和变压器绕组连接成了星形，故这种接法称为星形接法，又因为这种接法需用 4 根导线，故又称为三相四线制星形接法。发电机和变压器之间按星形连接好后，变压器就可以升高发电机送来的三相电压。如发电机的 U 相电压送到变压器的绕组 U_1、U_2 两端，在高压绕组 U_1、U_2 两端就会输出升高的 U 相电压。

(2) 三角形接法

三相变压器与三相发电机之间的连线接法除了星形接法外，还有三角形接法。三相发电机与三相变压器之间的三角形连接方式如图 6-13 所示。

变压器的三角形接线方式如图 6-13(a) 所示，将发电机的三相绕组的首尾依次连接起来，再在每相绕组首端引出导线，将变压器的低压绕组的首尾依次连接起来，并在每相绕组首端引出导线，将变压器的高压绕组的首尾依次连接起来，并在每相绕组首端引出导线，然后将发电机的3根引线与变压器低压绕组相对应的3根引线连接起来。

发电机绕组与变压器绕组的三角形连接方式可以画成图6-13(b) 所示的形式，从图中可以看出，发电机绕组和变压器绕组连接成了三角形，故这种接法称为三角形接法，又因为这种接法需用3根导线，故又称为三相三线制三角形接法。发电机和变压器之间按三角形连接好后，变压器就可以升高发电机送来的三相电压。如发电机的 W 相电压送到变压器的绕组 W_1、U_1 两端，在高压绕组 W_1、U_1 两端（也即 W、U 两引线之间）就会输出升高的 W 相电压。

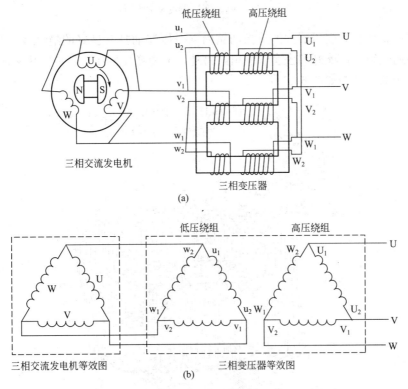

图 6-13　发电机绕组与变压器绕组的三角形连接方式

6.3　电力变压器

电力变压器的功能是对传送的电能进行电压或电流的变换。大多数电力变压器属于三相变压器。电力变压器有升压变压器和降压变压器之分：升压变压器用于将发电机输出的低压升高，再通过电网线输送到各地；降压变压器用于将电网的高压降低成低压，送给用户使用。平时见到的电力变压器大多数是降压变压器。

6.3.1　外形与结构

电力变压器的实物外形如图 6-14 所示。

由于电力变压器所接的电压高，传输的电能大，为了使铁芯和绕组的散热和绝缘良好，

图 6-14　电力变压器的实物外形

一般将它们放置在装有变压器油的绝缘油箱内（变压器油具有良好的绝缘性），高、低压绕组引出线均通过绝缘性能好的瓷套管引出，另外，电力变压器还有各种散热保护装置。

电力变压器的结构如图 6-15 所示。

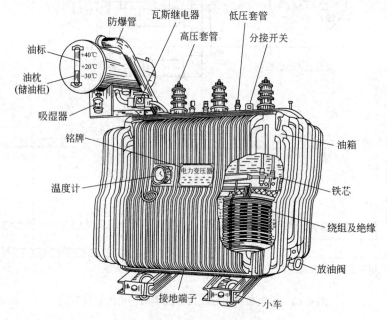

图 6-15　电力变压器的结构

6.3.2　型号说明

电力变压器的型号表示方式的说明如图 6-16 所示。

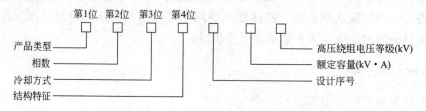

图 6-16　电力变压器的型号含义

电力变压器型号中的字母含义见表6-1。

表 6-1　电力变压器型号中的字母含义

位次	内容	代号	含义	位次	内容	代号	含义
第1位	类型	O	自耦变压器(O在前为降压,O在后为升压)	第3位	冷却方式	G	干式
		(略)	电力变压器			(略)	油浸自冷
		H	电弧变压器			F	油浸风冷
		ZU	电阻炉变压器			S	水冷
		R	电热炉变压器			FP	强迫油循环风冷
		Z	整流变压器			SP	强迫油循环水冷
		K	矿用变压器			P	强迫油循环
		D	低压大电流用变压器	第4位和第5位		(略)	双绕组
		J	电机车用变压器(机床、局部照明用)			S	三绕组
		Y	试验用变压器			(略)	铜线
		T	调压器			L	铝线
		TN	电压调整器			C	接触电压
		TX	移相器			A	感应调压
		BX	焊接变压器			Y	移圈式调压
		ZH	电解电化学变压器			Z	有载调压
		G	感应电炉变压器			(略)	无励磁调压
		BH	封闭电弧炉变压器			K	带电抗器
第2位	相数	D	单相			T	成套变电站用
		S	三相			Q	加强型

例如：一台电力变压器的型号为S9-500/10，该型号说明该变压器是一台三相油浸自冷式铜线双绕组电力变压器，其额定容量为500kV·A，高压侧额定电压为10kV，设计序号为9。此型号中的第1、3、4位均省略了。

6.3.3　与高、低压电网的连接方式

在使用电力变压器时，其高压侧绕组要与高压电网连接，低压侧绕组则与低压电网连接，这样才能将高压降低成低压供给用户。电力变压器与高、低压电网的连接方式有多种，图6-17所示是两种较常见的连接方式。

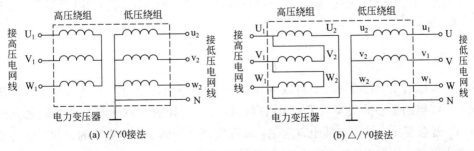

图 6-17　电力变压器与高、低压电网的两种连接方式

在图 6-17 中，电力变压器的高压绕组首端和末端分别用 U_1、V_1、W_1 和 U_2、V_2、W_2 表示，低压绕组的首端和末端分别用 u_1、v_1、w_1 和 u_2、v_2、w_2 表示。图 6-17(a) 中的变压器采用了 Y/Y0 接法，即高压绕组采用中性点不接地的星形接法（Y），低压绕组采用中性点接地的星形接法（Y0），这种接法又称为 Yyn0 接法。图 6-17(b) 中的变压器采用了 △/Y0 接法，即高压绕组采用三角形接法，低压绕组采用中性点接地的星形接法，这种接法又称为 Dyn11 接法。

在工作时，电力变压器每个绕组上都有电压，每个绕组上的电压称为相电压，高压绕组中的每个绕组上的相电压都相等，低压绕组中的每个绕组上的相电压也都相等。如果图 6-17 中的电力变压器低压绕组是接照明用户，则低压绕组的相电压通常为 220V，由于 3 个低压绕组的三端连接在一个公共点上并接出导线（称为中性线），因此每根相线（即每个绕组的引出线）与中性线之间的电压（称为相电压）为 220V，而两根相线之间有两个绕组，故两根相线之间的电压（称为线电压）应大于相电压，线电压为 $220 \times \sqrt{3} \approx 380V$。

这里要说明一点，线电压虽然是两个绕组上的相电压叠加得到的，但由于两个绕组上的电压相位不同，故线电压与相电压的关系不是乘以 2，而是乘以 $\sqrt{3}$。

6.4 自耦变压器

普通的变压器有一次绕组和二次绕组，如果将两个绕组融合成一个绕组就能构成一种特殊的变压器——自耦变压器。自耦变压器是一种只有一个绕组的变压器。

6.4.1 工作原理

自耦变压器的结构和符号如图 6-18 所示。

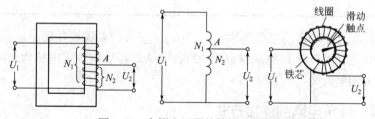

图 6-18　自耦变压器的结构和符号

从图中可以看出，自耦变压器只有一个绕组（匝数为 N_1），在绕组的中间部分（图中为 A 点）引出一个接线端，这样就可将绕组的一部分当作二次绕组（匝数为 N_2）。自耦变压器的工作原理与普通的变压器相同，也可以改变电压的大小，其规律同样可以用下式表示，即

$$\frac{U_1}{U_2} = \frac{N_1}{N_2} = K$$

从上式可以看出，改变 N_2 就可以调节输出电压的大小。为了方便地改变输出电压，自耦变压器将绕组的中心抽头换成了一个可滑动的触点，如图 6-18 所示。当旋转触点时，绕组匝数 N_2 就会变化，输出电压也就变化，从而实现手动调节输出电压的目的。这种自耦变压器又称为自耦调压器。

6.4.2 实物外形

自耦变压器的种类很多，图 6-19 所示是一些常见的自耦变压器。

图 6-19 一些常见的自耦变压器

第7章

电动机

电动机是一种将电能转换成机械能的设备。从家庭的电风扇、洗衣机、电冰箱，到企业生产用到的各种电动加工设备（如机床等），到处可以见到电动机的身影。据统计，一个国家各种电动机消耗的电能占整个国家电能消耗的 $60\%\sim70\%$。随着社会工业化程度的不断提高，电动机的应用也越来越广泛，其消耗的电能也会越来越大。

电动机的种类很多，常见的有直流电动机、单相异步电动机、三相异步电动机、同步电动机、永磁电动机、开关磁阻电动机、步进电动机和直线电动机等，不同的电动机适用于不同的设备。

7.1 三相异步电动机

7.1.1 工作原理

（1）磁铁旋转对导体的作用

下面通过一个实验来说明异步电动机的工作原理。实验如图 7-1（a）所示，在一个马蹄形的磁铁中间放置一个带转轴的闭合线圈，当摇动手柄来旋转磁铁时发现，线圈会跟随着磁铁一起转动。为什么会出现这种现象呢？

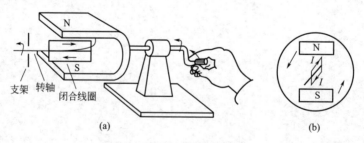

图 7-1 单匝闭合线圈旋转原理

图 7-1（b）是与图 7-1（a）对应的原理简化图。当磁铁旋转时，闭合线圈的上下两段导线会切割磁铁产生的磁场，两段导线都会产生感应电流。由于磁铁沿逆时针方向旋转，假设磁铁不动，那么线圈就被认为沿顺时针方向运动。

线圈产生的电流方向的判断：从图 7-1（b）中可以看出，磁场方向由上往下穿过导线，上段导线的运动方向可以看成向右，下段导线则可以看成向左，根据右手定则可以判断出线圈的上段导线的电流方向由外往内，下段导线的电流方向则是由内往外。

线圈运动方向的判断：当磁铁逆时针旋转时，线圈的上、下段导线都会产生电流，载流导体在磁场中会受到力，受力方向可根据左手定则来判断，根据判断结果可知线圈的上段导线受力方向是往左，下段导线受力方向是往右，这样线圈就会沿逆时针方向旋转。

如果将图7-1中的单匝闭合导体转子换成图7-2(a)所示的笼型转子，然后旋转磁铁，结果发现笼型转子也会随磁铁一起转动。图中笼型转子的两端是金属环，金属环中间安插多根金属条，每两根相对应的金属条通过两端的金属环构成一组闭合的线圈，所以笼型转子可以看成是多组闭合线圈的组合。当旋转磁铁时，笼型转子上的金属条会切割磁感线而产生感应电流，有电流通过的金属条受磁场的作用力而运动。根据图7-2(b)的示意图可分析出，各金属条的受力方向都是逆时针方向，所以笼型转子沿逆时针方向旋转。

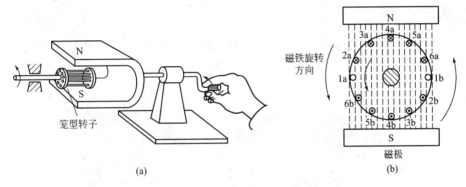

图7-2 笼型转子旋转原理

综上所述，当旋转磁铁时，磁铁产生的磁场也随之旋转，处于磁场中的闭合导体会因此切割磁感线而产生感应电流，而有感应电流通过的导体在磁场中又会受到磁场力，在磁场力的作用下导体就会旋转起来。

(2) 异步电动机的工作原理

采用旋转磁铁产生旋转磁场让转子运动，并没有将电能转换成机械能。实践和理论都证明，如果在转子的圆周空间放置互差120°的3组绕组，如图7-3所示，然后将这3组绕组按星形或三角形接法接好（图7-4是按星形接法接好的3组绕组），将3组绕组与三相交流电压接好，有三相交流电流流进3组绕组，这3组绕组会产生类似图7-2所示的磁铁产生的旋转磁场，处于此旋转磁场中的转子上的各闭合导体有感应电流产生，磁场对有电流流过的导体产生作用力，推动各导体按一定的方向运动，转子也就运转起来了。

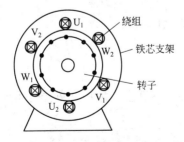

图7-3 三相电动机互差120°的3组绕组

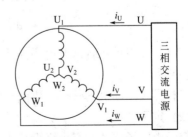

图7-4 3组绕组与三相电源进行星形连接

图7-3实际上是三相异步电动机的结构示意图。绕组绕在铁芯支架上，由于绕组和铁芯

都固定不动,因此称为定子,定子中间是笼型的转子。转子的运转可以看成是由绕组产生的旋转磁场推动的,旋转磁场有一定的转速。旋转磁场的转速 n(又称同步转速)、三相交流电的频率 f 和磁极对数 p(一对磁极有两个相异的磁极)有以下关系

$$n = 60f/p$$

例如一台三相异步电动机定子绕组的交流电压频率 $f=50\text{Hz}$,定子绕组的磁极对数 $p=3$,那么旋转磁场的转数 $n=60\times50\div3=1000\text{r/min}$。

电动机在运转时,其转子的转向与旋转磁场的方向是相同的,转子是由旋转磁场作用而转动的,转子的转速要小于旋转磁场的转速,并且要滞后于旋转磁场的转速,也就是说转子与旋转磁场的转速是不同步的。这种转子转速与旋转磁场转速不同步的电动机称为异步电动机。

7.1.2 外形与结构

图 7-5 列出了两种三相异步电动机的实物外形。三相异步电动机的结构如图 7-6 所示,从图中可以看出,它主要由外壳、定子、转子等部分组成。

图 7-5 两种三相异步电动机的实物外形

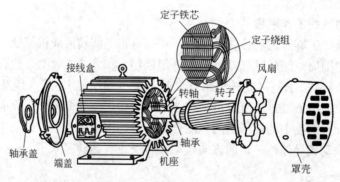

图 7-6 三相异步电动机的结构

三相异步电动机各部分说明如下。

(1) 外壳

三相异步电动机的外壳主要由机座、轴承盖、端盖、接线盒、风扇和罩壳等组成。

(2) 定子

定子由定子铁芯和定子绕组组成。

① 定子铁芯 定子铁芯通常由很多圆环状的硅钢片叠合在一起组成,这些硅钢片中间开有很多小槽用于嵌入定子绕组(也称定子线圈),硅钢片上涂有绝缘层,使叠片之间绝缘。

② 定子绕组　它通常由涂有绝缘漆的铜线绕制而成，再将绕制好的铜线按一定的规律嵌入定子铁芯的小槽内。绕组嵌入小槽后，按一定的方法将槽内的绕组连接起来，使整个铁芯内的绕组构成 U、V、W 三相绕组，再将三相绕组的首、末端引出来，接到接线盒的 U_1、U_2、V_1、V_2、W_1、W_2 接线柱上。接线盒如图 7-7 所示，接线盒各接线柱与电动机内部绕组的连接关系如图 7-8 所示。

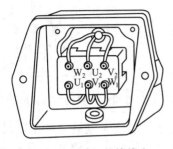

图 7-7　电动机的接线盒

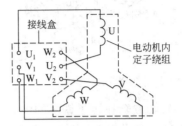

图 7-8　接线盒接线柱与电动机内部绕组的连接

(3) 转子

转子是电动机的运转部分，它由转子铁芯、转子线组和转轴组成。

① 转子铁芯　如图 7-9 所示，转子铁芯是由很多外圆开有小槽的硅钢片叠在一起构成的，小槽用来放置转子绕组。

② 转子绕组　转子绕组嵌在转子铁芯的小槽中，转子绕组可分为笼式转子绕组和线绕式转子绕组。

图 7-9　由硅钢片叠成的转子铁芯

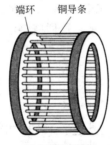

(a) 铜条转子绕组

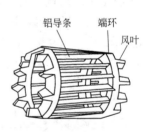

(b) 铸铝转子绕组

图 7-10　两种笼式转子绕组

笼式转子绕组是在转子铁芯的小槽中放入金属导条，再在铁芯两端用导环将各导条连接起来，这样任意一根导条与它对应的导条通过两端的导环就构成一个闭合的绕组，由于这种绕组形似笼子，因此称为笼式转子绕组。笼式转子绕组有铜条转子绕组和铸铝转子绕组两种，如图 7-10 所示。铜条转子绕组是在转子铁芯的小槽中放入铜导条，然后在两端用金属端环将它们焊接起来；而铸铝转子绕组则是用浇铸的方法在铁芯上浇铸出铝导条、端环和风叶。

线绕式转子绕组的结构如图 7-11 所示。它是在转子铁芯中按一定的规律嵌入用绝缘导线绕制好的绕组，然后将绕组按三角形或星形接法接好，大多数按星形方式接线，如图 7-12 所示。绕组接好后引出 3 根相线，通过转轴内孔接到转轴的 3 个铜制集电环（又称滑环）上，集电环随转轴一起运转，集电环与固定不动的电刷摩擦接触，而电刷通过导线与变阻器连接，这样转子绕组产生的电流通过集电环、电刷、变阻器构成回路。调节变阻器可以改变转子绕组回路的电阻，以此来改变绕组的电流，从而调节转子的转速。

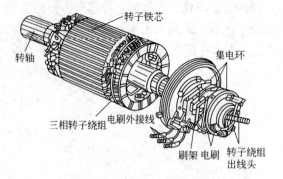

图 7-11 线绕式转子绕组

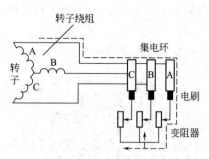

图 7-12 按星形连接的线绕式转子绕组

③ 转轴 转轴嵌套在转子铁芯的中心。当定子绕组通三相交流电后会产生旋转磁场，转子绕组受旋转磁场作用而旋转，它通过转子铁芯带动转轴转动，将动力从转轴传递出来。

7.1.3 绕组的接线方式

三相异步电动机的定子绕组由 U、V、W 三相绕组组成，这三相绕组有 6 个接线端，它们与接线盒的 6 个接线柱连接。接线盒如图 7-7 所示。在接线盒上，可以通过将不同的接线柱短接，来将定子绕组接成星形或三角形。

(1) 星形接线法

要将定子绕组接成星形，可按图 7-13(a) 所示的方法接线。接线时，用短路线把接线盒中的 W_2、U_2、V_2 接线柱短接起来，这样就将电动机内部的绕组接成了星形，如图 7-13(b) 所示。

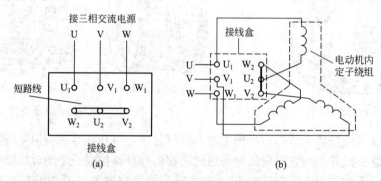

图 7-13 定子绕组按星形接法接线

(2) 三角形接线法

要将电动机内部的三相绕组接成三角形，可用短路线将接线盒中的 U_1 和 W_2、V_1 和 U_2、W_1 和 V_2 接线柱按图 7-14 所示的方法接起来，然后从 U_1、V_1、W_1 接线柱分别引出导线，与三相交流电源的 3 根相线连接。如果三相交流电源的相线之间的电压是 380V，那么对于定子绕组按星形连接的电动机，其每相绕组承受的电压为 220V；对于定子绕组按三角形连接的电动机，其每相绕组承受的电压为 380V。所以三角形接法的电动机在工作时，其定子绕组将承受更高的电压。

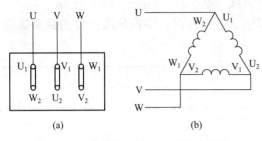

图 7-14 定子绕组按三角形接法接线

三相异步电动机

型号Y112M-4		编号	
功率4.0kW		电流8.8A	
电压380V	转速1440r/min		LW82dB
△连接	防护等级IP44	50Hz	45kg
标准编号	工作制S1	B级绝缘	年月
××××　电机厂			

图 7-15 三相异步电动机的铭牌

7.1.4 铭牌的识别

三相异步电动机一般会在外壳上安装一个铭牌,铭牌就相当于简单的说明书,它标注了电动机的型号、主要技术参数等信息。下面以图 7-15 所示的铭牌为例来说明铭牌上各项内容的含义。

① 型号(Y112M-4) 型号通常由字母和数字组成,其含义说明如下。

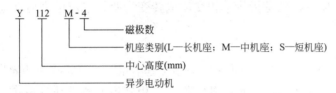

② 额定功率(功率 4.0kW) 该功率是在额定状态工作时电动机所输出的机械功率。

③ 额定电流(电流 8.8A) 该电流是在额定状态工作时流入电动机定子绕组的电流。

④ 额定电压(电压 380V) 该电压是在额定状态工作时加到定子绕组的线电压。

⑤ 额定转速(转速 1440r/min) 该转速是在额定工作状态时电动机转轴的转速。

⑥ 噪声等级(LW82dB) 噪声等级通常用 LW 值表示,LW 值的单位是 dB(分贝)。LW 值越小表示电动机运转时噪声越小。

⑦ 连接方式(△连接) 该连接方式是指在额定电压下定子绕组采用的连接方式,连接方式有三角形(△)连接方式和星形(Y)连接方式两种。在电动机工作前,要在接线盒中将定子绕组接成铭牌要求的接法。如果接法错误,轻则电动机工作效率降低,重则损坏电动机。例如:若将要求按星形连接的绕组接成三角形,那么绕组承受的电压会很高,流过的电流会增大而易使绕组烧坏;若将要求按三角形连接的绕组接成星形,那么绕组上的电压会降低,流过绕组的电流减小而使电动机功率下降。一般功率小于或等于 3kW 的电动机,其定子绕组应按星形连接;功率为 4kW 及以上的电动机,定子绕组应采用三角形接法。

⑧ 防护等级(IP44) 表示电动机外壳采用的防护方式。IP11 是开启式,IP22、IP33 是防护式,而 IP44 是封闭式。

⑨ 工作频率(50Hz) 表示电动机所接交流电源的频率。

⑩ 工作制(S1) 它是指电动机的运行方式,一般有 3 种:S1(连续运行)、S2(短时运行)和 S3(断续运行)。连续运行是指电动机在额定条件下(即铭牌要求的条件下)可长时间连续运行;短时运行是指在额定条件下只能在规定的短时间内运行,运行时间通常有10min、30min、60min 和 90min 4 种;断续运行是指在额定条件下运行一段时间再停止一段时间,按一定的周期反复进行,一般一个周期为 10min,负载持续率有 15%、25%、

40％和60％4 种，如对于负载持续率为60％的电动机，要求运行6min、停止4min。

⑪ 绝缘等级（B 级） 它是指电动机在正常情况下工作时，绕组绝缘允许的最高温度值，通常分为7 个等级，具体如下。

绝缘等级	Y	A	E	B	F	H	C
极限工作温度/℃	90	105	120	130	155	180	180 以上

7.2 单相异步电动机

单相异步电动机是一种采用单相交流电源供电的小容量电动机。它具有供电方便、成本低廉、运行可靠、结构简单和振动噪声小等优点，广泛应用在家用电器、工业和农业等领域的中小功率设备中。单相异步电动机可分为分相式单相异步电动机和罩极式单相异步电动机。

7.2.1 分相式单相异步电动机

分相式单相异步电动机是指将单相交流电转变为两相交流电来启动运行的单相异步电动机。

（1）结构

分相式单相异步电动机的种类很多，但结构基本相同，分相式单相异步电动机的典型结构如图 7-16 所示。从图中可以看出，其结构与三相异步电动机基本相同，都是由机座、定子绕组、转子、轴承、端盖和接线等组成的。定子绕组与转子实物外形如图 7-17 所示。

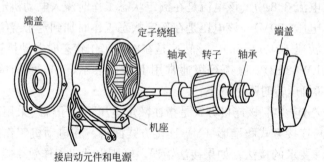

图 7-16 分相式单相异步电动机的典型结构

图 7-17 定子绕组与转子实物外形

（2）工作原理

三相异步电动机的定子绕组有 U、V、W 三相，当三相绕组接三相交流电时会产生旋转磁场推动转子旋转。单相异步电动机在工作时接单相交流电源，所以定子应只有一相绕组，如图 7-18（a）所示，而单相绕组产生的磁场不会旋转，因此转子不会转动。

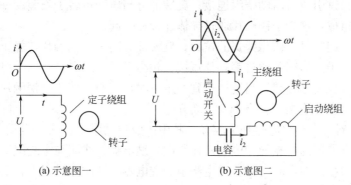

(a) 示意图一　　　　　　(b) 示意图二

图 7-18　单相异步电动机工作原理

为了解决这个问题，分相式单相异步电动机定子绕组通常采用两相绕组，一相绕组为工作绕组（或主绕组），另一相称为启动绕组（或副绕组），如图 7-18（b）所示。两相绕组在定子铁芯上的位置相差 90°，并且给启动绕组串接电容，将交流电源相位改变 90°（超前移相 90°）。当单相交流电源加到定子绕组时，有 i_1 电流直接流入主绕组，i_2 电流经电容超前移相 90° 后流入启动绕组，两个相位不同的电流分别流入空间位置相差 90° 的两个绕组，两绕组就会产生旋转磁场，处于旋转磁场内的转子就会随之旋转起来。转子运转后，如果断开启动开关切断启动绕组，转子仍会继续运转，这是因为单个主绕组产生的磁场不会旋转，但由于转子已转动起来，若将已转动的转子看成不动，那么主绕组的磁场就相当于产生了旋转，因此转子会继续运转。

由此可见，启动绕组的作用就是启动转子旋转，转子继续旋转依靠主绕组就可单独实现，所以有些分相式单相异步电动机在启动后就将启动绕组断开，只让主绕组工作。对于主绕组正常、启动绕组损坏的单相异步电动机，通电后不会运转，但若用人工的方法使转子运转，电动机可仅在主绕组的作用下一直运转下去。

（3）启动元器件

分相式单相异步电动机启动后是通过启动元器件来断开启动绕组的。分相式单相异步电动机常用的启动元器件主要有离心开关、启动继电器和 PTC 元件等。

① 离心开关　离心开关是一种利用物体运动时产生的离心力来控制触点通断的开关。图 7-19 所示是一种常见的离心开关结构，它分为静止部分和旋转部分。静止部分一般与电

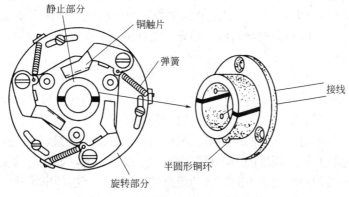

图 7-19　一种常见离心开关的结构

动机端盖安装在一起，它主要由两个相互绝缘的半圆铜环组成，这两个铜环就相当于开关的两个触片，它们通过引线与启动绕组连接；旋转部分与电动机转子安装在一起，它主要由弹簧和3个铜触片组成，这3个铜触片通过导体连接在一起。

电动机转子未旋转时，依靠弹簧的拉力，旋转部分的3个铜触片与静止部分的两个半圆形铜环接触，两个半圆形铜环通过铜触片短接，相当于开关闭合；当电动机转子运转后，离心开关的旋转部分也随之旋转，当转速达到一定值时，离心力使3个铜触片与铜环脱离，两个半圆铜环之间又相互绝缘，相当于开关断开。

② 启动继电器 启动继电器种类较多，其中电流启动继电器最为常见。图7-20所示是采用了电流启动继电器的单相异步电动机接线图，继电器的线圈与主绕组串接在一起，常开触点与启动绕组串接。在启动时，流过主绕组和继电器线圈的电流很大，继电器常开触点闭合，有电流流过启动绕组，电动机被启动运转。随着电动机转速的提高，流过主绕组的电流减小，当减小到某一值时，继电器线圈电流不足以吸合常开触点，触点断开切断启动绕组。

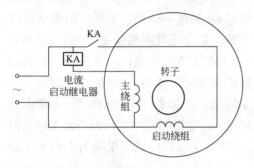
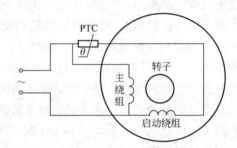

图 7-20 采用电流启动继电器的
单相异步电动机接线图

图 7-21 采用 PTC 热敏电阻器作为启动
开关的单相异步电动机接线图

③ PTC 元件 PTC 元件是指具有正温度系数的热敏元件，最为常见的 PTC 元件为正温度系数热敏电阻器。PTC 元件的特点是在低温时阻值很小，当温度升高到一定值时阻值急剧增大。PTC 元件的这种特点与开关相似，其阻值小时相当于开关闭合，阻值很大时相当于开关断开。

图 7-21 是采用 PTC 热敏电阻器作为启动开关的单相异步电动机接线图。

(4) 分相式单相异步电动机的种类

分相式单相异步电动机通常可分为电阻分相单相异步电动机、电容分相启动单相异步电动机、电容分相运行单相异步电动机和电容分相启动运行单相异步电动机。

① 电阻分相单相异步电动机 电阻分相单相异步电动机是指在启动绕组回路串接启动开关，并且转子运转后断开启动绕组的单相异步电动机。电阻分相单相异步电动机的外形与接线图如图7-22所示。

从图7-22(b)中可以看出，电阻分相单相异步电动机的启动绕组与一个启动开关串接在一起，在刚通电时启动开关闭合，有电流通过启动绕组，当转子启动转速达到额定转速的75%～80%时，启动开关断开，转子在主绕组的磁场作用下继续运转。为了让启动绕组和主绕组流过的电流相位不同（只有两绕组电流相位不同，才能产生旋转磁场），在设计时让启动绕组的感抗（电抗）较主绕组的小，直流电阻较主绕组的大，如让启动绕组采用线径细的线圈绕制，这样在通相同的交流电时，启动绕组的电流较主绕组的电流超前，两绕组旋转产生的磁场就会驱动转子运转。

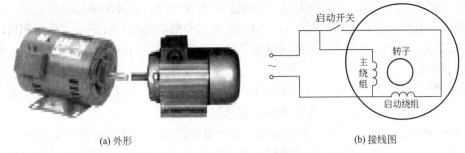

(a) 外形　　　　　　　　(b) 接线图

图 7-22　电阻分相单相异步电动机外形与接线图

电阻分相单相异步电动机的启动转矩较小，一般为额定转矩的 1.2～2 倍，但启动电流较大，电冰箱的压缩机常采用这种类型的电动机。

② 电容分相启动单相异步电动机　电容分相启动单相异步电动机是指在启动绕组回路串接电容器和启动开关，并且转子运转后断开启动绕组的单相异步电动机。电容分相启动单相异步电动机的外形与接线图如图 7-23 所示。

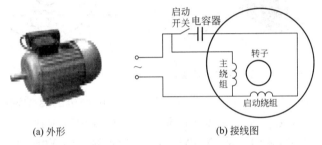

(a) 外形　　　　　　　　(b) 接线图

图 7-23　电容分相启动单相异步电动机外形与接线图

从图 7-23(b) 中可以看出，电容分相启动单相异步电动机的启动绕组串接有电容器和启动开关。在启动时启动开关闭合，启动绕组有电流通过，因为电容对电流具有超前移相作用，启动绕组的电流相位超前主绕组电流的相位，不同相位的电流通过空间位置相差 90°的两绕组，两绕组产生的旋转磁场驱动转子运转。电动机运转后，启动开关自动断开，断开启动绕组与电源的连接，转子由主绕组单独驱动运转。

电容分相启动单相异步电动机的启动转矩大，启动电流小，适用于各种满载启动的机械设备，如木工机械、空气压缩机等。

③ 电容分相运行单相异步电动机　电容分相运行单相异步电动机是指在启动绕组回路串接电容器，转子运转后启动绕组仍参与运行驱动的单相异步电动机。电容分相运行单相异步电动机的外形与接线图如图 7-24 所示。

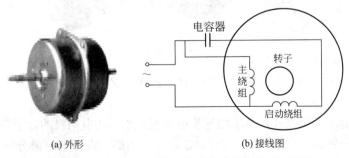

(a) 外形　　　　　　　　(b) 接线图

图 7-24　电容分相运行单相异步电动机外形与接线图

　　从接线图中可以看出，电容分相运行单相异步电动机的启动绕组串接有电容器。在启动时启动绕组有电流通过，电动机运转后，启动绕组仍与电源连接，转子由主绕组和启动绕组共同驱动运转。由于电动机运行时启功绕组始终工作，因此启动绕组需要与主绕组一样采用较粗的导线绕制。

　　电容分相运行单相异步电动机具有结构简单、工作可靠、价格低廉、运行性能好等优点，但其启动性能较差，广泛用在洗衣机、电风扇等设备中。

　　④ 电容分相启动运行单相异步电动机　电容分相启动运行单相异步电动机是指启动绕组回路串接电容器，转子运转后启动绕组仍参与运行驱动的单相异步电动机。电容分相启动运行单相异步电动机的外形与接线图如图 7-25 所示。

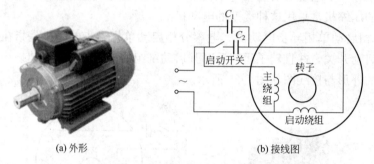

(a) 外形　　　　　　　　　　　　　　(b) 接线图

图 7-25　电容分相启动运行单相异步电动机外形与接线图

　　从接线图中可以看出，电容分相启动运行单相异步电动机的启动绕组接有两个电容器，在启动时启动开关闭合，C_1、C_2 均接入电路，当电动机转速达到一定值时，启动开关断开，容量大的 C_2 被切断，容量小的 C_1 仍与启动绕组连接，保证电动机有良好的运行性能。

　　电容分相启动运行单相异步电动机结构较复杂，但其启动、运行性能都比较好，主要用在启动转矩大的设备中，如水泵、空调、电冰箱和小型机床中。

7.2.2　罩极式单相异步电动机

　　罩极式单相异步电动机是一种结构简单、无启动绕组的电动机，它分为隐极式和凸极式两种，两者的工作原理基本相同，罩极式单相异步电动机的外形如图 7-26 所示。

图 7-26　罩极式单相异步电动机外形

　　罩极式单相异步电动机以凸极式最为常用，凸极式又可分为单独励磁式和集中励磁式两种，其结构如图 7-27 所示。

　　图 7-27(a) 为单独励磁式罩极单相异步电动机。该形式电动机的定子绕组绕在凸极式定子铁芯上，在定子铁芯每个磁极的 1/4～1/3 处开有小槽，将每个磁极分成两部分，并在较小部分套有铜制的短路环（又称为罩极）。当定子绕组通电时，绕组产生的磁场经铁芯磁极

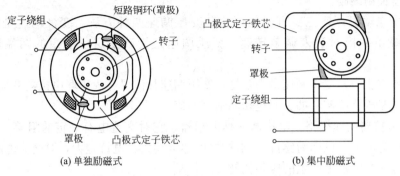

图 7-27 凸极式罩极单相异步电动机结构

分成两部分，由于短路环的作用，套有短路环的铁芯通过的磁场与无短路环的铁芯通过的磁场不同，两磁场类似于分相式异步电动机主绕组和启动绕组产生的磁场，两磁场形成旋转磁场并作用于转子，转子就运转起来了。

图 7-27(b) 为集中励磁式罩极单相异步电动机。该形式电动机的定子绕组集中绕在一起，定子铁芯分成两大部分，每一大部分又分成一大一小两部分，在小部分铁芯上套有短路环（罩极）。当定子绕组通电时，绕组产生的磁场通过铁芯，由于短路环的作用，套有短路环的铁芯通过的磁场与无短路环的铁芯通过的磁场不同，这种磁场形成旋转磁场会驱动转子运转。

罩极式单相异步电动机结构简单，成本低廉，运行噪声小，但启动和运行性能差，主要用在小功率空载或轻载启动的设备中，如小型风扇。

7.2.3 单相异步电动机的控制线路

单相异步电动机的控制线路主要包括转向控制线路和调速控制线路。

(1) 转向控制线路

单相异步电动机是在旋转磁场的作用下运转的，其运行方向与旋转磁场方向相同，所以只要改变旋转磁场的方向就可以改变电动机的转向。对于分相式单相异步电动机，只要将主绕组或启动绕组的接线反接就可以改变转向，注意不能将主绕组和启动绕组同时反接。图7-28 是正转接线方式和两种反转接线方式的线路。

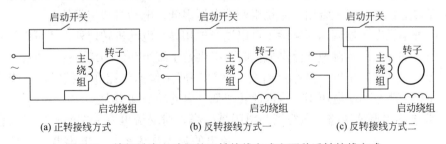

图 7-28 单相异步电动机的正转接线方式和两种反转接线方式

图 7-28(a) 为正转接线方式；图 7-28(b) 为反转接线方式一，该方式是将主绕组与电源的接线对调，启动绕组与电源的接线不变；图 7-28(c) 为反转接线方式二，该方式是主绕组与电源的接线不变，启动绕组与电源的接线对调。

对于罩极式单相异步电动机，其转向只能是由未罩部分往被罩部分旋转，无法通过改变绕组与电源的接线来改变转向。

(2) 调速控制线路

单相异步电动机调速主要有变极调速和变压调速两种方法。变极调速是指通过改变电动机定子绕组的极对数来调节转速，变压调速是指改变定子绕组的两端电压来调节转速。

在这两种方法中，变压调速最为常见，变压调速具体可分为串联电抗器调速、串联电容器调速、自耦变压器调速、抽头调速和晶闸管调速。

① 串联电抗器调速线路　电抗器又称电感器，它对交流电有一定的阻碍。电抗器对交流电的阻碍称为电抗（也称为感抗），电抗器电感量越大，电抗越大，对交流电的阻碍越大，交流电通过时在电抗器上产生的压降就越大。

图 7-29 是两种较常见的串联电抗器调速线路，图中的 L 为电抗器，它有"高""中""低" 3 个接线端，A 为启动绕组，M 为主绕组，C 为电容器。

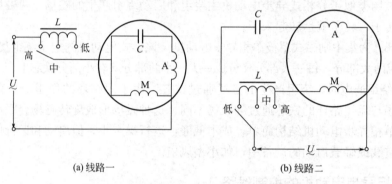

(a) 线路一　　　　　　　　　(b) 线路二

图 7-29　两种较常见的串联电抗器调速线路

图 7-29（a）为一种形式的串联电抗器调速线路。当挡位开关置于"高"时，交流电压全部加到电动机定子绕组上，定子绕组两端电压最大，产生的磁场很强，电动机转速最快；当挡位开关置于"中"时，交流电压需经过电抗器部分线圈再送给电动机定子绕组，电抗器线圈会产生压降，使送到定子绕组两端的电压降低，产生的磁场变弱，电动机转速变慢。

图 7-29（b）为另一种形式的串联电抗器调速线路。当挡位开关置于"高"时，交流电压全部加到电动机主绕组上，电动机转速最快；当挡位开关置于"低"时，交流电压需经过整个电抗器再送给电动机主绕组，主绕组两端电压很低，电动机转速很低。

上面两种串联电抗器调速线路除了可以调节单相异步电动机转速外，还可以调节启动转矩大小。图 7-29（a）所示调速线路在低挡时，提供给主绕组和启动绕组的电压都会降低，因此转速就变慢，启动转矩也会减小；而图 7-29（b）所示调速线路在低挡时，主绕组两端电压较低，而启动绕组两端电压很高，因此转速低，启动转矩却很大。

② 串联电容器调速线路　电容器与电阻器一样，对交流电有一定的阻碍。电容器对交流电的阻碍称为容抗，电容器容量越小，容抗越大，对交流电的阻碍越大，交流电通过时在电容器上产生的压降就越大。串联电容器调速线路如图 7-30 所示。

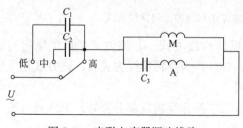

图 7-30　串联电容器调速线路

在图 7-30 所示的线路中，当开关置于"低"时，由于 C_1 容量很小，它对交流电源容抗大，交流电源在 C_1 上会产生较大的压降，加到电动机定子绕组两端的电压就会很低,电动机转速很慢。当开关置于 C_1 "中"时,由于电容器 C_2 的容量大于 C_1 的容量,C_2 对交流电源容抗较 C_1 小,加到电动机定子绕组两端的电压较低挡时高,电动机转速变快。

③ 自耦变压器调速线路 自耦变压器可以通过调节来改变电压的大小。图 7-31 为 3 种常见的自耦变压器调速线路。

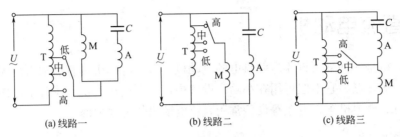

图 7-31 3 种常见的自耦变压器调速线路

图 7-31(a) 所示自耦变压器调速线路在调节电动机转速的同时,会改变启动转矩。如自耦变压器挡位置于"低"时,主绕组和启动绕组两端的电压都很低,转速和启动转矩都会减小。

图 7-31(b) 所示自耦变压器调速线路只能改变电动机的转速,不会改变启动转矩,因为调节挡位时只能改变主绕组两端的电压。

图 7-31(c) 所示自耦变压器调速线路在调节电动机转速的同时,也会改变启动转矩。当自耦变压器挡位置于"低"时,主绕组两端电压降低,而启动绕组两端的电压升高,因此转速变慢,启动转矩增大。

④ 抽头调速线路 采用抽头调速的单相异步电动机与普通电动机不同,它的定子绕组除了有主绕组和启动绕组外,还增加了一个调速绕组。根据调速绕组与主绕组和启动绕组连接方式的不同,抽头调速有 L1 形接法、L2 形接法和 T 形接法 3 种形式,这 3 种形式的抽头调速线路如图 7-32 所示。

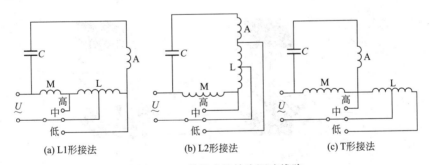

图 7-32 3 种形式的抽头调速线路

图 7-32(a) 所示为 L1 形接法抽头调速线路。这种接法是将调速绕组与主绕组串联,并嵌在定子铁芯同一槽内,与启动绕组有 $90°$ 相位差。调速绕组的线径较主绕组细,匝数可与主绕组匝数相等或是主绕组的 1 倍,调速绕组可根据调速挡位数从中间引出多个抽头。

当挡位开关置于"低"时,全部调速绕组与主绕组串联,主绕组两端电压减小,另外调速绕组产生的磁场还会削弱主绕组磁场,电动机转速变慢。

图 7-32(b) 所示为 L2 形接法抽头调速线路。这种接法是将调速绕组与启动绕组串联，并嵌在同一槽内，与主绕组有 90°相位差。调速绕组的线径和匝数与 L1 形接法相同。

图 7-32(c) 所示为 T 形接法抽头调速线路。这种接法在电动机高速运转时，调速绕组不工作，而在低速工作时，主绕组和启动绕组的电流都会流过调速绕组，电动机有发热现象发生。

7.3 直流电动机

直流电动机是一种采用直流电源供电的电动机。直流电动机具有启动力矩大、调速性能好和磁干扰少等优点，它不但可用在小功率设备中，还可用在大功率设备中，如大型可逆轧钢机、卷扬机、电力机车、电车等设备常用直流电动机作为动力源。

7.3.1 工作原理

直流电动机是根据通电导体在磁场中受力旋转来工作的。直流电动机的结构与工作原理如图 7-33 所示。从图中可看出，直流电动机主要由磁铁、转子绕组（又称电枢绕组）、电刷和换向器组成。电动机的换向器与转子绕组连接，换向器再与电刷接触，电动机在工作时，换向器与转子绕组同步旋转，而电刷静止不动。当直流电源通过导线、电刷、换向器为转子绕组供电时，通电的转子绕组在磁铁产生的磁场作用下会旋转起来。

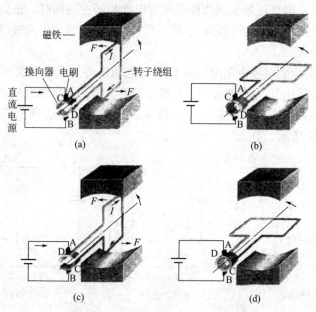

图 7-33 直流电动机结构与工作原理

直流电动机工作过程分析如下。

① 当转子绕组处于图 7-33(a) 所示的位置时，流过转子绕组的电流方向是电源正极→电刷 A→换向器 C→转子绕组→换向器 D→电刷 B→电源负极，根据左手定则可知，转子绕组上导线受到的作用力方向为左，下导线受力方向为右，于是转子绕组按逆时针方向旋转。

② 当转子绕组转至图 7-33(b) 所示的位置时，电刷 A 与换向器 C 脱离断开，电刷 B 与

换向器 D 也脱离断开，转子绕组无电流通过，不受磁场作用力，但由于惯性作用，转子绕组会继续逆时针旋转。

③ 在转子绕组由图 7-33(b) 位置旋转到图 7-33(c) 位置期间，电刷 A 与换向器 D 接触，电刷 B 与换向器 C 接触，流过转子绕组的电流方向是电源正极→电刷 A→换向器 D→转子绕组→换向器 C→电刷 B→电源负极，转子绕组上导线（即原下导线）受到的作用力方向为左，下导线（即原上导线）受力方向为右，转子绕组按逆时针方向继续旋转。

④ 当转子绕组转至图 7-33(d) 所示的位置时，电刷 A 与换向器 D 脱离断开，电刷 B 与换向器 C 也脱离断开，转子绕组无电流通过，不受磁场作用力，由于惯性作用，转子绕组会继续逆时针旋转。

以后会不断重复上述过程，转子绕组也连续地不断旋转。直流电动机申的换向器和电刷的作用是当转子绕组转到一定位置时能及时改变转子绕组中电流的方向，这样才能让转子绕组连续不断地运转。

7.3.2 外形与结构

(1) 外形

图 7-34 是一些常见直流电动机的实物外形。

图 7-34 常见直流电动机的实物外形

(2) 结构

直流电动机的典型结构如图 7-35 所示。从图中可以看出，直流电动机主要由前端盖、风扇、机座（含磁铁或励磁绕组等）、转子（含换向器）、电刷装置和后端盖组成。在机座中，有的电动机安装有磁铁，如永磁直流电动机；有的电动机则安装有励磁绕组（用来产生磁场的绕组），如并励直流电动机、串励直流电动机等。直流电动机的转子中嵌有转子绕组，转子绕组通过换向器与电刷接触，直流电源通过电刷、换向器为转子绕组供电。

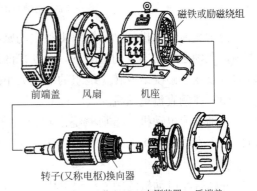

图 7-35 直流电动机的典型结构

7.3.3 种类与特点

直流电动机种类很多，根据励磁方式的不同，可分为永磁直流电动机、他励直流电动机、并励直流电动机、串励直流电动机和复励直流电动机。在这些类型的直流电动机中，除了永磁直流电动机的励磁磁场由永久磁铁产生外，其他几种励磁磁场都由励磁绕组来产生，这些励磁磁场由励磁绕组产生的电动机又称电磁电动机。

(1) 永磁直流电动机

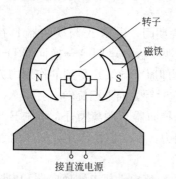

图 7-36　永磁直流电动机的结构

永磁直流电动机是指采用永久磁铁作为定子来产生励磁磁场的电动机。永磁直流电动机的结构如图 7-36 所示。从图中可以看出，这种直流电动机的定子为永久磁铁，当给转子绕组通直流电时，在磁铁产生的磁场作用下，转子会运转起来。

永磁直流电动机具有结构简单、价格低廉、体积小、效率高和使用寿命长等优点，永磁直流电动机开始主要用在一些小功率设备中，如电动玩具、小电器和家用音像设备等。近年来由于强磁性的钕铁硼永磁材料的应用，一些大功率的永磁直流电动机开始出现，使永磁直流电动机的应用更为广泛。

(2) 他励直流电动机

他励直流电动机是指励磁绕组和转子绕组分别由不同直流电源供电的直流电动机。他励直流电动机的结构与接线图如图 7-37 所示。从图中可以看出，他励直流电动机的励磁绕组和转子绕组分别由两个单独的直流电源供电，两者互不影响。

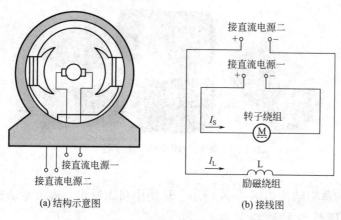

(a) 结构示意图　　　　　　　　　　(b) 接线图

图 7-37　他励直流电动机的结构与接线图

他励直流电动机的励磁绕组由独立的励磁电源供电，因此其励磁电流不受转子绕组电流影响，在励磁电流不变的情况下，电动机的启动转矩与转子电流成正比。他励直流电动机可以通过改变励磁绕组或转子绕组的电流大小来提高或降低电动机的转速。

(3) 并励直流电动机

并励直流电动机是指励磁绕组和转子绕组并联，并且由同一直流电源供电的直流电动机。并励直流电动机的结构与接线图如图 7-38 所示。从图中可以看出，并励直流电动机的励磁绕组和转子绕组并接在一起，并且接同一直流电源。

并励直流电动机的励磁绕组采用较细的导线绕制而成，其匝数多、电阻大且励磁电流较恒定。电动机启动转矩与转子绕组电流成正比，启动电流约为额定电流的 2.5 倍，转速随电流及转矩的增大而略有下降，短时间过载转矩约为额定转矩的 1.5 倍。

(4) 串励直流电动机

串励直流电动机是指励磁绕组和转子绕组串联，再接同一直流电源的直流电动机。串励

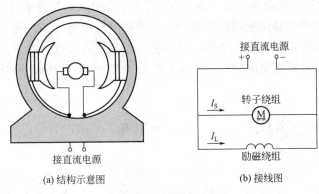

(a) 结构示意图   (b) 接线图

图 7-38 并励直流电动机的结构与接线图

直流电动机的结构与接线图如图 7-39 所示。从图中可以看出，串励直流电动机的励磁绕组和转子绕组串接在一起，并且由同一直流电源供电。

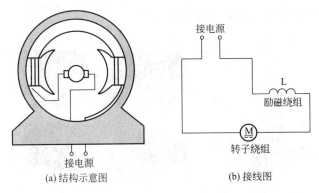

(a) 结构示意图   (b) 接线图

图 7-39 串励直流电动机的结构与接线图

　　串励直流电动机的励磁绕组和转子绕组串联，因此励磁磁场随着转子电流的改变有显著的变化。为了减小励磁绕组的损耗和电压降，要求励磁绕组的电阻应尽量小，所以励磁绕组通常用较粗的导线绕制而成，并且匝数较少。串励直流电动机的转矩近似与转子电流的平方成正比，转速随转矩或电流的增加而迅速下降，其启动转矩可达额定转矩的 5 倍以上，短时间过载转矩可达额定转矩的 4 倍以上。串励直流电动机轻载或空载时转速很高，为了安全起见，一般不允许空载启动，也不允许用传送带或链条传动。

　　串励直流电动机还是一种交直流两用电动机，既可用直流供电，也可用单相交流供电，因为交流供电更为方便，所以串励直流电动机又称为单相串励电动机。由于串励直流电动机具有交直流供电的优点，因此其应用较广泛，如电钻、电吹风、电动缝纫机和吸尘器中常采用串励直流电动机作为动力源。

（5）复励直流电动机

　　复励直流电动机有两个励磁绕组，一个与转子绕组串联，另一个与转子绕组并联。复励直流电动机的结构与接线图如图 7-40 所示。从图中可以看出，复励直流电动机的

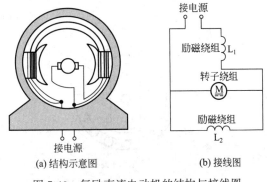

(a) 结构示意图   (b) 接线图

图 7-40 复励直流电动机的结构与接线图

一个励磁绕组 L_1 和转子绕组串接在一起，另一个励磁绕组 L_2 与转子绕组为并联关系。

复励直流电动机的串联励磁绕组匝数少，并联励磁绕组匝数多。两个励磁绕组产生的磁场方向相同的电动机称为积复励电动机，反之称为差复励电动机。由于积复励电动机工作稳定，所以更为常用。复励直流电动机启动转矩约为额定转矩的 4 倍，短时间过载转矩约为额定转矩的 3.5 倍。

7.4 同步电动机

同步电动机是一种转子转速与定子旋转磁场的转速相同的交流电动机。对于一台同步电动机，在电源频率不变的情况下，其转速始终保持恒定，不会随电源电压和负载的变化而变化。

7.4.1 外形

图 7-41 是一些常见的同步电动机实物外形。

图 7-41　一些常见的同步电动机

7.4.2 结构与工作原理

同步电动机主要由定子和转子构成，其定子结构与一般的异步电动机相同，并且嵌有定子绕组。同步电动机的转子与异步电动机的不同。异步电动机的转子一般为笼型，转子本身不带磁性。而同步电动机的转子主要有两种形式：一种是直流励磁转子，这种转子上嵌有转子绕组，工作时需要用直流电源为它提供励磁电流；另一种是永久磁铁励磁转子，转子上安装有永久磁铁。同步电动机的结构示意图与工作原理图如图 7-42 所示。

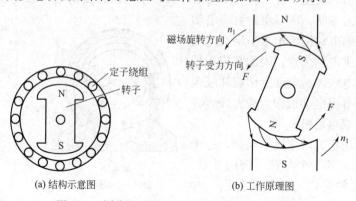

图 7-42　同步电动机的结构示意图与工作原理图

图7-42(a)为同步电动机结构示意图。同步电动机的定子铁芯上嵌有定子绕组,转子上安装有一个两极磁铁(在转子嵌入绕组并通直流电后,也可以获得同样的磁极)。当定子绕组通三相交流电时,定子绕组会产生旋转磁场,此时的定子就像是旋转的磁铁,如图7-42(b)所示。根据异性磁极相吸引的原理可知,装有磁铁的转子会随着旋转磁场的方向转动,并且转速与磁场的旋转速度相同。

在电源频率不变的情况下,同步电动机在运行时转速是恒定的,其转速n与电动机的磁极对数p、交流电源的频率f有关。同步电动机的转速可用下面的公式计算:

$$n = 60f/p$$

我国电力系统交流电的频率为50Hz,电动机的极对数又是整数,若采用电网交流电作为电源,同步电动机的转速与磁极对数有严格的对应关系,具体如下。

p	1	2	3	4
$n/(\text{r/min})$	3000	1500	1000	750

7.4.3 同步电动机的启动

(1) 同步电动机无法启动的原因

异步电动机接通三相交流电后会马上运转起来,而同步电动机接通电源后一般无法运转,下面通过图7-43来分析原因。

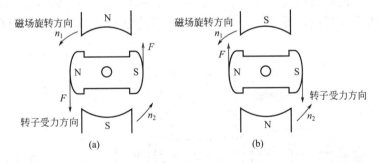

图7-43 同步电动机无法启动分析图

当同步电动机定子绕组通入三相交流电后,会产生逆时针方向的旋转磁场,如图7-43(a)所示,转子受到逆时针方向的磁场力,由于转子具有惯性,不可能立即以同步转速旋转。当转子刚开始转动时,由于旋转磁场转速很快,此刻已旋转到图7-43(b)所示的位置,这时转子受到顺时针方向的磁场力,与先前受力方向相反,刚要运转的转子又受到相反的作用力而无法旋转。也就是说,旋转磁场旋转时,转子受到的平均转矩为0,无法运转。

(2) 同步电动机无法启动的解决方法

同步电动机通电后无法自动启动的主要原因有:转子存在着惯性、定、转子磁场转速相差过大。因此为了让同步电动机自行启动,一方面可以减小转子的惯性(如转子可做成长而细的形状),另一方面可以给同步电动机增设启动装置。

给同步电动机增设启动装置的方法一般是在转子上附加与异步电动机一样的笼型绕组,如图7-44所示,这样同步电动机的转子上同时具有磁铁和笼型启动绕组。在启动时,同步

电动机定子绕组通电产生旋转磁场，该磁场对启动绕组产生作用力，使启动绕组运转起来，与启动绕组一起的转子也跟着旋转，启动时的同步电动机就相当于一台异步电动机。当转子转速接近定子绕组的旋转磁场转速时，旋转磁场就与转子上的磁铁相互吸引而将转子引入同步，同步后的旋转磁场就像手一样，紧紧拉住相异的转子磁极不放，转子就在旋转磁场的拉力下，始终保持与旋转磁场一样的转速。

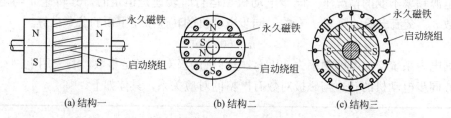

(a) 结构一　　　　　　　(b) 结构二　　　　　　　(c) 结构三

图 7-44　几种同步电动机转子结构

给同步电动机附加笼型绕组进行启动的方法称为异步启动法，异步启动接线示意图如图 7-45 所示。在启动时，先合上开关 S_1，给同步电动机的定子绕组提供三相交流电源，让定子绕组产生旋转磁场，与此同时将开关 S_2 与左边触点闭合，让转子启动绕组与启动电阻（其阻值一般为启动绕组阻值的 10 倍）串接，这样同步电动机就相当于一台绕线式异步电动机。转子开始旋转，当转子转速接近旋转磁场转速时，将开关 S_2 与右边的触点闭合，直流电源通过 S_2 加到转子启动绕组，启动绕组产生一个固定的磁场来增强磁铁磁场，定子绕组的旋转磁场牵引已运转且带磁性的转子同步运转。图 7-45 中的开关 S_2 实际上由控制电路来控制，另外转子启动绕组要通过电刷与外界的启动电阻或直流电源连接。

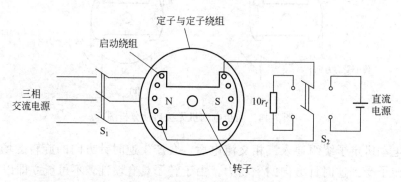

图 7-45　异步启动接线示意图

7.5　步进电动机

步进电动机是一种用电脉冲控制运转的电动机，每输入一个电脉冲，电动机就会旋转一定的角度。因此步进电动机又称为脉冲电动机。它的转速与脉冲的频率成正比，脉冲频率越高，单位时间内输入电动机的脉冲个数越多，旋转角度越大，即转速越快。

7.5.1　外形

一些常见的步进电动机的外形如图 7-46 所示。

图 7-46　一些常见的步进电动机

7.5.2　结构与工作原理

(1) 与步进电动机有关的实验

在说明步进电动机工作原理前，先来分析图 7-47 所示的实验现象。

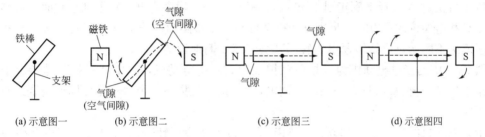

图 7-47　与步进电动机有关的实验现象

在图 7-47 所示的实验中，一根铁棒斜放在支架上，若将一对磁铁靠近铁棒，N 极磁铁产生的磁感线会通过气隙、铁棒和气隙到达 S 极磁铁，如图 7-47(b) 所示。由于磁感线总是力图通过磁阻最小的途径，它对铁棒产生作用力，使铁棒旋转到水平位置，如图 7-47(c) 所示，此时磁感线所经磁路的磁阻最小（磁阻主要由 N 极与铁棒间的气隙和 S 极与铁棒间的气隙大小决定，气隙越大，磁阻越大，铁棒处于图示位置时的气隙最小，因此磁阻也最小）。这时若顺时针旋转磁场，为了保持磁路的磁阻最小，磁感线对铁棒产生作用力使之也顺时针旋转，如图 7-47(d) 所示。

(2) 工作原理

步进电动机种类很多，根据运转方式可分为旋转式、直线式和平面式，其中旋转式的应用最为广泛。旋转式步进电动机又分为永磁式和反应式，永磁式步进电动机的转子采用永久磁铁制成，反应式步进电动机的转子采用软磁性材料制成。由于反应式步进电动机具有反应快、惯性小和速度高等优点，因此应用很广泛。

① 反应式步进电动机　图 7-48 是一个三相六极反应式步进电动机，它主要由凸极式定子、定子绕组和带有 4 个齿的转子组成。

反应式步进电动机工作原理分析如下。

a. 当 A 相定子绕组通电时，如图 7-48(a) 所示，绕组产生磁场，由于磁场磁感线力图通过磁阻最小的路径，在磁场的作用下，转子旋转使齿 1、3 分别正对 A、A′极。

b. 当 B 相定子绕组通电时，如图 7-48(b) 所示，绕组产生磁场，在绕组磁场的作用下，转子旋转使齿 2、4 分别正对 B、B′极。

c. 当 C 相定子绕组通电时，如图 7-48(c) 所示，绕组产生磁场，在绕组磁场的作用下，

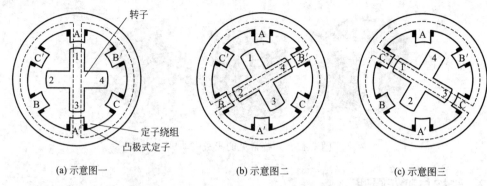

(a) 示意图一　　　　(b) 示意图二　　　　(c) 示意图三

图 7-48　三相六极反应式步进电动机结构示意图

转子旋转使齿 3、1 分别正对 C、C'极。

　　从图中可以看出，当 A、B、C 相按 A→B→C 顺序依次通电时，转子逆时针旋转，并且转子齿 1 由正对 A 极运动到正对 C'极；若按 A→C→B 顺序通电，转子则会顺时针旋转。给 A、B、C 相绕组依次通电时，步进电动机会旋转一个步距角；若按 A→C→B→A→B→C→……的顺序依次不断给定子绕组通电，转子就会连续不断地运转。

　　图 7-48 中的步进电动机为三相单三拍反应式步进电动机，其中"三相"是指定子绕组为三相，"单"是指每次只有一相绕组通电，"三拍"是指在一个通电循环周期内绕组有 3 次供电切换。

　　步进电动机的定子绕组每切换一相电源，转子就会旋转一定的角度，该角度称为步距角。在图 7-48 中，步进电动机定子圆周上平均分布着 6 个凸极，任意两个凸极之间的角度为 60°，转子每个齿由一个凸极移到相邻的凸极需要前进两步，因此该转子的步距角为 30°。步进电动机的步距角可以用下面的公式计算

$$\theta = 360°/(ZN)$$

　　式中，Z 为转子的齿数；N 为一个通电循环周期的拍数。

　　图 7-48 中的步进电动机的转子齿数 $Z=4$，一个通电循环周期的拍数 $N=3$，则步距角 $\theta=30°$。

　　② 三相单双六拍反应式步进电动机　三相单三拍反应式步进电动机的步距角较大，稳定性较差；而三相单双六拍反应式步进电动机的步距角较小，稳定性较好。三相单双六拍反应式步进电动机的结构示意如图 7-49 所示。

　　三相单双六拍反应式步进电动机工作原理分析如下。

　　a. 当 A 相定子绕组通电时，如图 7-49(a) 所示，绕组产生磁场，由于磁场磁感线力图通过磁阻最小的路径，在磁场的作用下，转子旋转使齿 1、3 分别正对 A、A'极。

　　b. 当 A、B 相定子绕组同时通电时，绕组产生图 7-49(b) 所示的磁场，在绕组磁场的作用下，转子旋转使齿 2、4 分别向 B、B'极靠近。

　　c. 当 B 相定子绕组通电时，如图 7-49(c) 所示，绕组产生磁场，在绕组磁场的作用下，转子旋转使齿 2、4 分别正对 B、B'极。

　　d. 当 B、C 相定子绕组同时通电时，如图 7-49(d) 所示，绕组产生磁场，在绕组磁场的作用下，转子旋转使齿 3、1 分别向 C、C'极靠近。

　　e. 当 C 相定子绕组通电时，如图 7-49(e) 所示，绕组产生磁场，在绕组磁场的作用下，转子旋转使齿 3、1 分别正对 C、C'极。

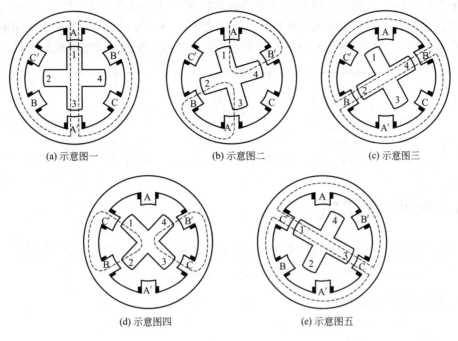

(a) 示意图一　　　　　(b) 示意图二　　　　　(c) 示意图三

(d) 示意图四　　　　　(e) 示意图五

图 7-49　三相单双六拍反应式步进电动机结构示意图

从图中可以看出，当 A、B、C 相按 A→AB→B→BC→C→CA→A…的顺序依次通电时，转子逆时针旋转，每一个通电循环分 6 拍，其中 3 个单拍通电，3 个双拍通电，因此这种反应式步进电动机称为三相单双六拍反应式步进电动机。三相单双六拍反应式步进电动机的步距角为 15°。

③ 结构　不管是三相单三拍步进电动机还是三相单双六拍步进电动机，它们的步距角都比较大，若用它们作为传动设备动力源时往往不能满足精度要求。为了减小步距角，实际的步进电动机通常在定子凸极和转子上开很多小齿，这样可以大大减小步距角。三相步进电动机的实际结构如图 7-50 所示。

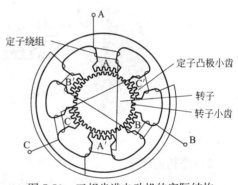

图 7-50　三相步进电动机的实际结构

7.5.3　驱动电路

步进电动机是一种用电脉冲控制运转的电动机，在工作时需要有相应的驱动电路为它提供驱动脉冲。图 7-51 是典型三相步进电动机驱动电路框图。脉冲发生器产生几赫至几十千赫的脉冲信号，经脉冲分配器后输出符合一定逻辑关系的多组脉冲信号，这些脉冲信号进行功率放大后输入步进电动机，驱动电动机运转。

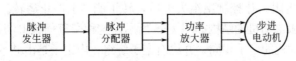

图 7-51　典型三相步进电动机驱动电路框图

随着单片机的广泛应用，很多步进电动机采用单片机电路进行控制驱动。图 7-52 是一种五相步进电动机的单片机驱动电路框图。在工作时，从单片机的 P1.0～P1.4 引脚输出 5 组脉冲信号，经五相功率驱动电路放大后送入步进电动机，驱动步进电动机运转。

图 7-52　五相步进电动机的单片机驱动电路框图

7.6　伺服电动机

伺服电动机是一种由控制信号来控制运转的电动机，又称执行电动机，常用在自动控制系统中作为执行部件。伺服电动机可分为交流伺服电动机和直流伺服电动机。

7.6.1　交流伺服电动机

（1）外形
图 7-53 所示的是一些常见交流伺服电动机实物外形。

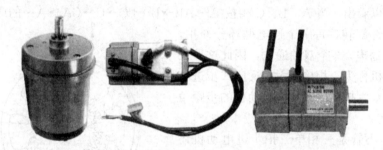

图 7-53　常见的交流伺服电动机

（2）结构与原理
交流伺服电动机与单相异步电动机的结构基本相似，如图 7-54 所示。交流伺服电动机的定子铁芯上绕有励磁绕组和控制绕组，两个绕组在空间上相隔 90°，励磁绕组与电容串联后再接交流电压 U_f，控制绕组接控制电压 U_c。当交流伺服电动机的励磁绕组、控制绕组分别接交流电压 U_f 和控制电压 U_c 时，两绕组产生旋转磁场，推动转子运转，若切断控制电压 U_c，转子马上停止转动，再接通控制电压时，转子又会迅速运转起来。

交流伺服电动机的定子结构与单相异步电动机的基本相同，而转子有两种形式：一种是笼型转子，另一种是杯形转子。

交流伺服电动机笼型转子的结构与普通笼型电动机基本相同，但为了减小转子的转动惯性，转子被做成了细长形式。另外，转子的导条与端环采用高电阻率材料（如青铜）制成，这样是为了增大转子电阻，让控制绕组失电后，转子能马上停止运转。

杯形转子交流伺服电动机的结构如图 7-55 所示。这种交流伺服电动机有内、外两个定子。外定子与一般交流电动机的定子相同，并绕有定子绕组；内定子是由硅钢片叠成的圆柱体，上面没有绕组，只是代替转子铁芯作为磁路的一部分。在内、外定子之间，有一个薄而细长的空心杯形转子（由铜、铝等非磁性材料制成），装在转轴上。这种结构的电动机具有转动惯性小、适应性强和运转平稳的特点，但由于气隙大，因此要求励磁电流大，其体积也较大。

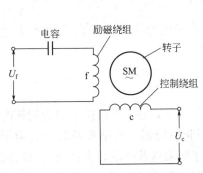

图 7-54　交流伺服电动机的结构

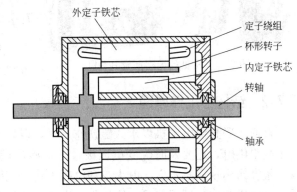

图 7-55　杯形转子交流伺服电动机的结构

交流伺服电动机具有结构简单、运行平稳、反应迅速、噪声小和维护方便等优点，但由于转子电阻较大，因此其损耗大、效率低，故输出功率也较小（一般在 100W 以下）。

7.6.2　直流伺服电动机

图 7-56 所示的是一些常见的直流伺服电动机的实物外形。直流伺服电动机实际上就是他励式直流电动机，它的结构与普通小型直流电动机的结构相同，如图 7-57 所示。直流伺服电动机可分为永磁式和电磁式两种，永磁式直流伺服电动机的励磁磁场由安装在定子上的永久磁铁产生，电磁式直流伺服电动机的励磁磁场由绕制在定子铁芯上的励磁绕组产生。

图 7-56　一些常见的直流伺服电动机

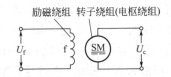

图 7-57　直流伺服电动机的结构

直流伺服电动机与普通直流电动机的工作原理相同。励磁绕组通电后产生磁场，该磁场对通电的转子绕组产生作用力，使转子旋转起来，当两个绕组中有一个失电时，伺服电动机立即停转。直流伺服电动机具有启动转矩大、调速平滑且范围宽、输出功率较大（可达几百瓦）和无自转现象等优点。与相同功率的交流伺服电动机比较，直流伺服电动机的体积小，质量小，但直流伺服电动机转动时惯性较大，反应灵敏度较低。

直流伺服电动机主要用在打印机、复印机、数控机床、雷达天线、舰船和飞机等的控制系统中。

7.7　无刷直流电动机

直流电动机具有运行效率高和调速性能好的优点，但普通的直流电动机工作时需要用换向器和电刷来切换电压极性，在切换过程中容易出现电火花和接触不良，会形成干扰并导致

图 7-58 常见的无刷直流电动机

直流电动机的寿命缩短。无刷直流电动机的出现有效解决了电火花和接触不良的问题。

7.7.1 外形

图 7-58 所示的是一些常见的无刷直流电动机的实物外形。

7.7.2 结构与工作原理

普通永磁直流电动机以永久磁铁作定子，以转子绕组作转子，在工作时除了要为旋转的转子绕组供电，还要及时改变电压极性，这些需用到电刷和换向器。电刷和换向器长期摩擦，很容易出现接触不良、电火花和电磁干扰等问题。为了解决这些问题，无刷直流电动机采用永久磁铁作为转子，通电绕组作为定子，这样就不需要电刷和换向器了，不过无刷直流电动机工作时需要配套的驱动线路。

（1）工作原理

图 7-59 所示的是一种无刷直流电动机的结构和驱动线路简图。无刷直流电动机的定子绕组固定不动，而磁环转子运转。

无刷直流电动机工作原理说明如下。

无刷直流电动机位置检测器距离磁环转子很近，磁环转子的不同磁极靠近检测器时，检测器输出不同的位置信号（电信号）。这里假设 S 极接近位置检测器时，检测器输出高电平信号，N 极接近检测器时输出低电平信号。在启动电动机时，若磁环转子的 S 极恰好接近位置检测器，则检测器输出高电平信号，该信号送到三极管 VT_1、VT_2 的基极，VT_1 导通，VT_2 截止，定子绕组 L_1、L_1' 有电

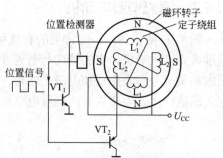

图 7-59 无刷直流电动机结构和驱动线路简图

流流过，电流途径是：电源 $U_{CC} \rightarrow L_1 \rightarrow L_1' \rightarrow VT_1 \rightarrow$ 地。L_1、L_1' 绕组有电流通过产生磁场，该磁场与磁环转子磁场产生排斥和吸引，它们的相互作用如图 7-60(a) 所示。

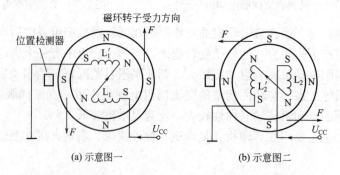

(a) 示意图一　　　　　　　(b) 示意图二

图 7-60　无刷直流电动机定子绕组与磁环转子的受力分析

在图 7-60(a) 中，电流流过 L_1、L_1' 时，L_1 产生左 N 右 S 的磁场，L_1' 产生左 S 右 N 的磁场，这样就会出现 L_1 的左 N 与磁环转子的左 S 吸引（同时 L_1 的左 N 会与磁环转子的下 N 排斥），L_1 的右 S 与磁环转子的下 N 吸引，L_1' 的右 N 与磁环转子的右 S 吸引，L_1' 的左 S

与磁环转子的上 N 吸引，由于绕组 L_1、L_1' 固定在定子铁芯上不能运转，而磁环转子受磁场作用就会逆时针转起来。

电动机运转后，磁环转子的 N 极马上接近位置检测器，检测器输出低电平信号，该信号送到三极管 VT_1、VT_2 的基极，VT_1 截止，VT_2 导通，有电流流过 L_2、L_2'，电流途径是：电源 $U_{CC} \rightarrow L_2 \rightarrow L_2' \rightarrow VT_2 \rightarrow$ 地。L_2、L_2' 绕组有电流通过产生磁场，该磁场与磁环转子磁场产生排斥和吸引，它们的相互作用如图 7-60(b) 所示，两磁场的相互作用力推动磁环转子继续旋转。

(2) 结构

无刷直流电动机的结构如图 7-61 所示。

从图中可看出，无刷直流电动机主要由定子铁芯、定子绕组、位置检测器、磁铁转子和驱动电路等组成。

位置检测器包括固定和运动两部分，运动部分安装在转子轴上，与转子联动，它可以反映转子的磁极位置，固定部分通过它就可以检测出转子的位置信息。有些无刷直流电动机的位置检测器无运转部分，它直接检测转子位置信息。驱动电路的功能是根据位置检测器送来的位置信号，用电子开关（如三极管）来切换定子绕组的电源。

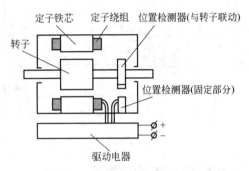

图 7-61　无刷直流电动机的结构

无刷直流电动机的转子结构分为表面式磁极、嵌入式磁极和环形磁极 3 种，如图 7-62 所示。表面式磁极转子是将磁铁粘贴在转子铁芯表面，嵌入式磁极转子是将磁铁嵌入铁芯中，环形磁极转子是在转子铁芯上套一个环形磁铁。

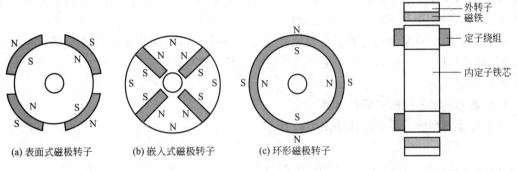

(a) 表面式磁极转子　　(b) 嵌入式磁极转子　　(c) 环形磁极转子

图 7-62　无刷直流电动机常见转子的结构

图 7-63　外转子无刷直流
电动机的结构

无刷直流电动机一般采用内转子结构，即转子处在定子的内侧。有些无刷直流电动机采用外转子形式，如电动车、摄录像机的无刷直流电动机常采用外转子结构，如图 7-63 所示。

7.7.3　驱动电路

无刷直流电动机需要有相应的驱动电路才能工作。下面介绍几种常见的三相无刷直流电动机驱动电路。

(1) 星形连接三相半桥驱动电路

星形连接三相半桥驱动电路如图 7-64(a) 所示。A、B、C 三相定子绕组有一端共同连接，构成星形连接方式。

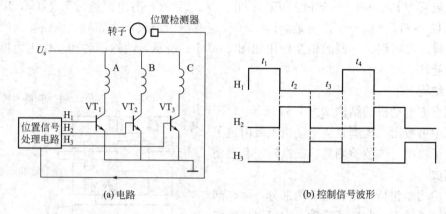

(a) 电路　　　　　　　　　　(b) 控制信号波形

图 7-64　星形连接三相半桥驱动电路

电路工作过程说明如下。

位置检测器靠近磁环转子产生位置信号，经位置信号处理电路处理后输出图 7-64(b) 所示 H_1、H_2、H_3 的 3 个控制信号。

在 t_1 期间，H_1 信号为高电平，H_2、H_3 信号为低电平，三极管 VT_1 导通，有电流流过 A 相绕组，绕组产生磁场推动转子运转。

在 t_2 期间，H_2 信号为高电平，H_1、H_3 信号为低电平，三极管 VT_2 导通，有电流流过 B 相绕组，绕组产生磁场推动转子运转。

在 t_3 期间，H_3 信号为高电平，H_1、H_2 信号为低电平，三极管 VT_3 导通，有电流流过 C 相绕组，绕组产生磁场推动转子运转。

t_4 以后，电路重复上述过程，电动机连续运转起来。三相半桥驱动电路结构简单，但由于同一时刻只有一相绕组工作，电动机的效率较低，并且转子运转脉动比较大，即运转时容易时快时慢。

(2) 星形连接三相桥式驱动电路

星形连接三相桥式驱动电路如图 7-65 所示。

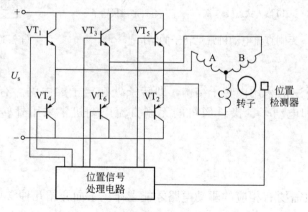

图 7-65　星形连接三相桥式驱动电路

星形连接三相桥式驱动电路可以工作在两种方式：二二导通方式和三三导通方式。工作在何种方式由位置信号处理电路输出的控制信号决定。

① 二二导通方式 二二导通方式是指在某一时刻有 2 个三极管同时导通。电路中 6 个三极管的导通顺序是：VT_1、$VT_2 \rightarrow VT_2$、$VT_3 \rightarrow VT_3$、$VT_4 \rightarrow VT_4$、$VT_5 \rightarrow VT_5$、$VT_6 \rightarrow VT_6$、VT_1。这 6 个三极管的导通受位置信号处理电路送来的脉冲控制。下面以 VT_1、VT_2 导通为例来说明电路工作过程。

位置检测器送来的位置信号经处理电路后形成控制脉冲输出，其中高电平信号送到 VT_1 的基极，低电平信号送到 VT_2 基极，其他三极管基极无信号，VT_1、VT_2 导通，有电流流过 A、C 相绕组，电流途径为：U_s 正极 $\rightarrow VT_1 \rightarrow$ A 相绕组 $\rightarrow$ C 相绕组 $\rightarrow VT_2 \rightarrow U_s$ 负极，两绕组产生磁场推动转子旋转 $60°$。

② 三三导通方式 三三导通方式是指在某一时刻有 3 个三极管同时导通。电路中 6 个三极管的导通顺序是：VT_1、VT_2、$VT_3 \rightarrow VT_2$、VT_3、$VT_4 \rightarrow VT_3$、VT_4、$VT_5 \rightarrow VT_4$、VT_5、$VT_6 \rightarrow VT_5$、VT_6、$VT_1 \rightarrow VT_6$、VT_1、VT_2。这 6 个三极管的导通受位置信号处理电路送来的脉冲控制。下面以 VT_1、VT_2、VT_3 导通为例来说明电路工作过程。

位置检测器送来的位置信号经处理电路后形成控制脉冲输出，其中高电平信号送到 VT_1、VT_3 的基极，低电平信号送到 VT_2 基极，其他三极管基极无信号，VT_1、VT_3、VT_2 导通，有电流流过 A、B、C 相绕组，其中 VT_1 导通流过的电流通过 A 相绕组，VT_3 导通流过的电流通过 B 相绕组，两电流汇合后流过 C 相绕组，再通过 VT_2 流到电源的负极，在任意时刻三相绕组都有电流流过，其中一相绕组电流很大（是其他绕组电流的 2 倍），三绕组产生的磁场推动转子旋转 $60°$。

三三导通方式的转矩较二二导通方式的要小，另外，如果三极管切换时发生延迟，就可能出现直通短路，如 VT_4 开始导通时 VT_1 还未完全截止，电源通过 VT_1、VT_4 直接短路，因此星形连接三相桥式驱动电路更多采用二二导通方式。

三相无刷直流电动机除了可采用星形连接驱动电路外，还可采用图 7-66 所示的三角形连接三相桥式驱动电路。该电路与星形连接三相桥式驱动电路一样，

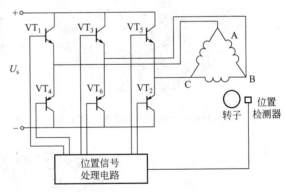

图 7-66 三角形连接三相桥式驱动电路

也有二二导通方式和三三导通方式，其工作原理与星形连接三相桥式驱动电路工作原理基本相同，这里不再叙述。

7.8 开关磁阻电动机

开关磁阻电动机是一种定子有绕组、转子无绕组，且定、转子均采用凸极结构的电动机。由于这种电动机在工作时需要用开关不断切换绕组供电，并且是利用磁阻最小原理工作的，所以称为开关磁阻电动机。

7.8.1 外形

图 7-67 所示的是一些常见的开关磁阻电动机的实物外形。

图 7-67　常见的开关磁阻电动机

7.8.2 结构与工作原理

开关磁阻电动机的结构与工作原理和步进电动机的相似，都是遵循"磁阻最小原理"——磁感线总是力图通过磁阻最小的路径。开关磁阻电动机的典型结构如图 7-68 所

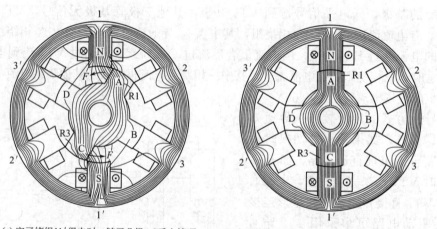

(a) 定子绕组11′得电时，转子凸极AC受力情况　　(b) 定子绕组11′得电时，转子凸极AC转到稳定位置

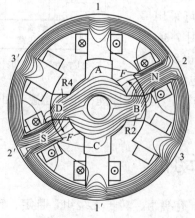

(c) 定子绕组22′得电时，转子凸极BD受力情况

图 7-68　开关磁阻电动机的典型结构与工作原理

示，它是一个三相 6/4 型开关磁阻电动机，即定子有三相绕组和 6 个凸极，转子有 4 个凸极。

开关磁阻电动机工作原理说明如下。

当定子绕组 11′得电时，1 凸极产生的磁场为 N，1′凸极产生的磁场为 S，如图 7-68(a)所示。根据磁阻最小原理可知，转子凸极 AC 受到逆时针方向的磁转矩作用力，于是转子开始转动，当转到图 7-68(b) 所示位置时，定子凸极 11′与转子凸极 AC 对齐，此时磁阻最小，磁转矩为 0，转子不再转动。这时若切断 11′绕组供电，而接通 22′绕组供电，定子凸极 2 产生的磁场为 N，凸极 2′产生的磁场为 S，如图 7-68(c) 所示，转子凸极 BD 受到逆时针方向的磁转矩作用力，于是转子继续转动。

如果按 11′→22′→33′的顺序切换定子绕组电源，转子将逆时针方向旋转。如果按 11′→33′→22′的顺序切换定子绕组电源，转子将顺时针方向旋转。

开关磁阻电动机主要有以下的特点。

① 效率高，节能效果好。

② 启动转矩大。

③ 调速范围广。

④ 可频繁正、反转，频繁启动、停止，因此非常适合于龙门刨床、可逆轧机、油田抽油机等应用场合。

⑤ 启动电流小，避免了对电网的冲击。

⑥ 功率因数高，不需要加装无功补偿装置。普通交流电动机空载时的功率因数在 0.2～0.4 之间，满载在 0.8～0.9 之间；而开关磁阻电动机调速系统在空载和满载下的功率因数均大于 0.98。

⑦ 电动机结构简单、坚固、制造工艺简单，成本低且工作可靠，能适用于各种恶劣、高温甚至强振动环境。

⑧ 缺相与过载时仍可工作。

⑨ 由于控制器中功率变换器与电动机绕组串联，不会出现变频调速系统功率变换器可能出现的直通故障，因此可靠性大为提高。

7.8.3　开关磁阻电动机与步进电动机的区别

开关磁阻电动机与步进电动机的工作原理基本相同，都是依靠脉冲信号切换绕组的电源来驱动转子运转。

两者的区别在于：步进电动机主要是将脉冲信号转换成旋转角度，带动相应机构移动一定的位移，在转子运转时无需转速平稳，即使时停时转也无关紧要，只要输入脉冲个数与移动位移的对应关系准确；而开关磁阻电动机与大多数电动机一样，要求工作在连续运行状态，在运行过程中需要转速平稳连续，不允许时转时停情况的出现。

如果开关磁阻电动机在工作过程中，定子绕组电源切换不及时，就会出现转子时停时转或转速时快时慢的情况。如在图 7-68(b) 中，若转子 AC 凸极已运动到对齐位置，如果 11′绕组未及时切断电源，这时即使 22′绕组得电，也无法使转子继续运转，从而导致转子停顿。这种情况对要求连续运行且转速平稳的开关磁阻电动机是不允许的。为了解决这个问题，需要给电动机转子增设位置检测器，检测转子凸极位置情况，然后及时切换相应绕组的电源，让转子能连续平稳运行。

7.8.4 驱动电路

为了让开关磁阻电动机能正常工作，需要为它配备相应的驱动电路。开关磁阻电动机的驱动电路结构如图 7-69 所示。

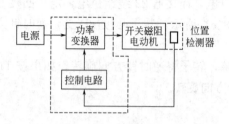

图 7-69 开关磁阻电动机的驱动电路结构图   图 7-70 两种开关磁阻电动机的控制器

开关磁阻电动机内部的位置检测器发送位置信号给控制电路，让控制电路产生符合要求的控制脉冲信号，控制脉冲加到功率变换器，控制变换器中相应的电子开关（一般为半导体管）导通和截止，接通和切断电动机相应定子绕组的电源，在定子绕组磁场作用下，电动机连续运转起来。很多开关磁阻电动机的驱动电路已被制作成工业成品，可直接与开关磁阻电动机配套使用，图 7-70 所示为两种开关磁阻电动机的控制器（驱动电路）。有些控制器内部采用一些先进的保护检测电路并可直接在面板设定电动机的控制参数。

7.9 直线电动机

直线电动机是一种将电能转换成直线运动的电动机。直线电动机是将旋转电动机的结构进行变化制成的。直线电动机种类很多，从理论上讲，每种旋转电动机都有与之对应的直线电动机，实际常用的直线电动机主要有直线异步电动机、直线同步电动机、直线直流电动机和其他直线电动机（如直线无刷电动机、直线步进电动机等），在这些直线电动机中直线异步电动机的应用最为广泛。

7.9.1 外形

图 7-71 是一些常见的直线电动机的实物外形。

7.9.2 结构与工作原理

图 7-71 常见的直线电动机

直线电动机可以看成是将旋转电动机径向剖开并拉直而得到的，如图 7-72 所示。其中由定子转变而来的部分称为初级，转子转变而来的部分称为次级。

当给直线电动机初级绕组（又称一次绕组）供电时，绕组产生磁场使初、次级产生相对径向运动，若将初级固定，则次级会直线运动，这种电动机称为动次级直线电动机，反之为

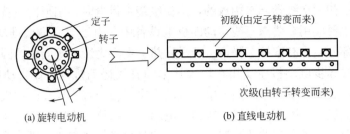

图 7-72　直线电动机的结构

动初级直线电动机。改变初级绕组的电源相序可以转换电动机的运行方向，改变电源的频率可以改变电动机的运行速度。另外，为了保证在运动过程中直线电动机的初、次级能始终耦合，初级或次级必须有一个要做得比另一个更长。

直线电动机初、次级结构形式主要有单边型、双边型和圆筒型等几种。

（1）单边型

单边型直线电动机的结构如图 7-73 所示，它又可以分为短初级和短次级两种形式。由于短初级的制造运行成本较短次级的低很多，所以一般情况下直线电动机均采用短初级形式。单边型直线电动机的优点是结构简单，但初、次级存在着很大吸引力，这对初、次级相对运动是不利的。

图 7-73　单边型直线电动机的结构

（2）双边型

双边型直线电动机的结构如图 7-74 所示。这种直线电动机在次级的两边都安装了初级，两初级对次级的吸引力相互抵消，有效克服了单边型电动机的单边吸引力。

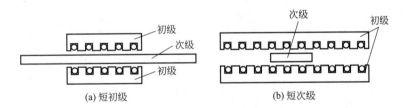

图 7-74　双边型直线电动机的结构

（3）圆筒型

圆筒型（或称管型）直线电动机的结构如图 7-75 所示。这种直线电动机可以看成是平

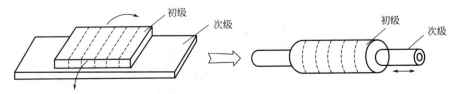

图 7-75　圆筒型直线电动机的结构

板式直线电动机的初、次级卷起来构成的，当初级绕组得电时，圆形次级就会径向运动。

　　直线电动机主要应用在要求直线运动的机电设备中，由于牵引力或推动力可直接产生，不需要中间联动部分，没有摩擦、噪声、转子发热、离心力影响等问题，因此其应用将越来越广泛。其中直线异步电动机主要用在较大功率的直线运动机构，如自动门开闭装置，起吊、传递和升降的机械设备。直线同步电动机的应用场合与直线异步电动机的应用场合基本相同，由于其性能优越，因此有取代直线异步电动机的趋势。直线步进电动机主要用于数控制图机、数控绘图仪、磁盘存储器、记录仪、数控裁剪机、精密定位机构等设备中。

第8章

电动机控制线路

无论是在工厂，还是在农村乡镇企业的配电控制中，都需要最基本的多种电气控制线路。这里介绍一些常见而实用的配电控制线路，以满足不同场合操作风格的控制需要。学会分析常用的多种控制线路，从而为安装、维修一般的电气配电线路打下良好的基础。

8.1 电动机启停控制

8.1.1 电动机点动控制线路

点动控制是指需要电动机作短时断续工作时，只要按下按钮电动机就转动，松开按钮电动机就停止动作的控制。实现点动控制可以将点动按钮直接与接触器的线圈串联，电动机的运行时间由按钮按下的时间决定。点动控制是用按钮、接触器来控制电动机运转的最简单的正转控制线路，生产机械在进行试车和调整时通常要求点动控制，如工厂中使用的电动葫芦和机床快速移动装置、龙门刨床横梁的上下移动，摇臂钻床立柱的夹紧与放松，桥式起重机吊钩、大车运行的操作控制等都需要单向点动控制。

(1) 电气控制原理图

点动控制线路由电源开关 QS，熔断器 FU_1、FU_2、按钮 SB，接触器 KM 和电动机 M 组成，如图 8-1 所示。

在图 8-1 中，点动控制其主要原理是当按下按钮 SB 时，交流接触器的线圈 KM 得电，从而使接触器的主触点闭合，使三相电进入电动机的绕组，驱动电动机转动。松开 SB 时，交流接触器的线圈失电，使接触器的主触点断开，电动机的绕组断电而停止转动。

(2) 电路控制动作过程

合上电源开关 QS，引入三相交流电。

① 启动运行　按下按钮 SB→KM 线圈得电→KM 主触点闭合→电动机 M 转动。

② 停止　松开按钮 SB→KM 线圈失电→KM 主触点断开→电动机 M 停止。

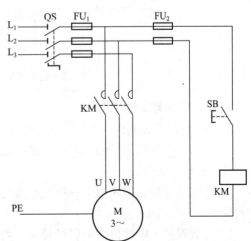

图 8-1　点动控制原理图

（3）电动机的转动特点

按下 SB，电动机转动，松开 SB，电动机停止转动，即点一下 SB，电动机转动一下，故称之为点动控制。

8.1.2 电动机单向连续运转控制线路

生产机械连续运转是最常见的形式，要求拖动生产机械的电动机能够长时间运转。三相异步电动机自锁控制是指按下按钮 SB_2，电动机转动之后，再松开按钮 SB_2，电动机仍保持转动。其主要原因是交流接触器的辅助触点维持交流接触器的线圈长时间得电，从而使得交流接触器的主触点长时间闭合，电动机长时间转动。这种控制应用在长时连续工作的电动机中，如车床、砂轮机等。

（1）电气控制原理图

点动控制线路中加自锁（保）触点 KM，则可对电动机实行连续运行控制，又称为长动控制。电路工作原理：在电动机点动控制线路的基础上给启动按钮 SB_2 并联一个交流接触器的常开辅助触点，使得交流接触器的线圈通过其辅助触点进行自锁。当松开按钮 SB_2 时，由于接在按钮 SB_2 两端的 KM 常开辅助触点闭合自锁，控制线路仍保持通路，电动机 M 继续运转。电动机单向连续运转控制结构图如图 8-2 所示。

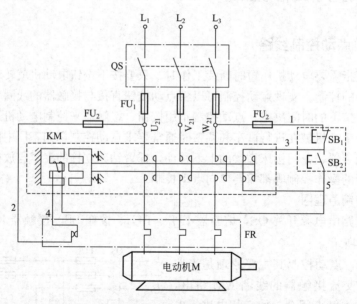

图 8-2　电动机单向连续运转控制结构图

（2）电路控制动作过程

先合上电源开关 QS，引入三相交流电。

① 启动运行　按下按钮 SB_2→KM 线圈得电→KM 主触点和自锁触点闭合→电动机 M 启动连续正转。

② 停车　按停止按钮 SB_1→控制电路失电→KM 主触点和自锁触点分断→电动机 M 失电停转。

③ 过载保护　电动机在运行过程中，由于过载或其他原因，使负载电流超过额定值时，经过一定时间，串接在主回路中热继电器 FR 的热元件双金属片受热弯曲，推动串接在控制

回路中的常闭触点断开，切断控制回路，接触器 KM 的线圈断电，主触点断开，电动机 M 停转，达到了过载保护的目的。

8.1.3　电动机单向点动与连续运转混合控制线路

(1) 电气控制原理图

在生产实践过程中，机床设备正常工作需要电动机连续运行，而试车和调整刀具与工件的相对位置时，又要求"点动"控制。为此生产加工工艺要求控制线路既能实现"点动控制"又能实现"连续运行"工作。点动与连续运转混合控制线路电气控制原理如图 8-3 所示。

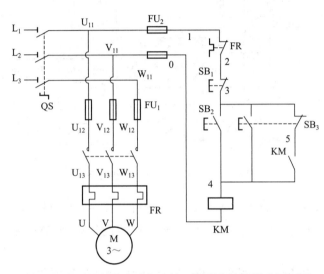

图 8-3　电动机单向点动与连续运转混合控制线路原理图

(2) 电路控制动作过程

先合上电源开关 QS，引入三相交流电。

① 点动控制　按下点动启动按钮 SB_3→SB_3 常闭触点先分断（切断 KM 辅助触点电路）。SB_3 常开触点后闭合→KM 线圈得电→KM 主触点闭合→电动机 M 启动运转。同时，KM 辅助常开触点闭合，但因 SB_3 常闭触点已分断，不能实现自保。

松开按钮 SB_3→SB_3 常开触点先恢复分断→KM 线圈失电→KM 主触点断开（KM 辅助触点断开）后，SB_3 常闭触点再恢复闭合→电动机 M 停止运转，实现了点动控制。

② 连续运转控制　按下长动启动按钮 SB_2→KM 线圈得电→KM 主触点闭合，KM 常开辅助触点也闭合，实现自保→电动机 M 启动并连续运转。实现了长动控制。

③ 停止　按下停止按钮 SB_1→KM 线圈失电→KM 主触点断开→电动机 M 停止运转。

8.1.4　电动机顺序控制线路

车床主轴转动时，要求油泵先给润滑油，主轴停止后，油泵方可停止润滑，即要求油泵电动机先启动，主轴电动机后启动，主轴电动机停止后，才允许油泵电动机停止，实现这种控制功能的线路就是顺序控制线路。在生产实践中，根据生产工艺的要求，经常要求各种运动部件之间或生产机械之间能够按顺序工作。

(1) 主电路实现顺序控制线路

① 电气控制原理图　顺序控制线路中，可以通过主电路来实现顺序控制功能，如图 8-4 所示。电动机 M_2 主电路的交流接触器 KM_2 的主触点接在接触器 KM_1 的主触点之后，只有 KM_1 的主触点闭合后，KM_2 才可能闭合，这样就保证了 M_1 启动后，M_2 才能启动的顺序控制要求。

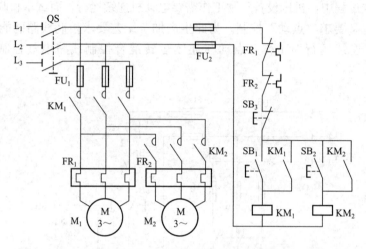

图 8-4　主电路实现顺序控制线路图

② 电路控制动作过程　合上电源开关 QS。按下 $SB_1 \rightarrow KM_1$ 线圈得电 $\rightarrow KM_1$ 主触点闭合 $\rightarrow$ 电动机 M_1 启动连续运转 $\rightarrow$ 再按下 $SB_2 \rightarrow KM_2$ 线圈得电 $\rightarrow KM_2$ 主触点闭合 $\rightarrow$ 电动机 M_2 启动连续运转。

按下 $SB_3 \rightarrow KM_1$ 和 KM_2 主触点分断 $\rightarrow$ 电动机 M_2 和 M_1 同时停转。

(2) 两台电动机顺序启动逆序停止控制线路

① 电气控制原理图　两台电动机顺序启动逆序停止控制线路电气原理图如图 8-5 所示。电动机 M_2 的控制线路先与接触器 KM_1 的线圈并接后，再与 KM_1 的自锁触点串接，而

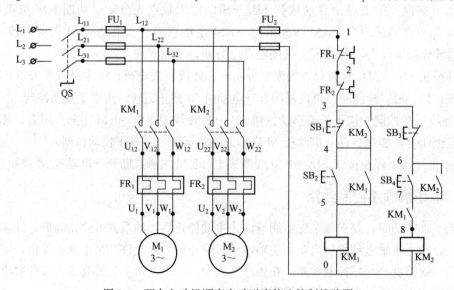

图 8-5　两台电动机顺序启动逆序停止控制线路图

KM_2 的常开触点与 SB_1 并联，这样就保证了 M_1 启动后，M_2 才能启动以及 M_2 停车后 M_1 才能停车的顺序控制要求。

② 电路控制动作过程　合上电源开关 QS。按下 SB_2→KM_1 线圈得电→KM_1 主触点闭合→电动机 M_1 启动连续运转→再按下 SB_4→KM_2 线圈得电→KM_2 主触点闭合→电动机 M_2 启动连续运转。

按下 SB_3→KM_2 线圈失电→KM_2 主触点分断和 KM_2 两个常开辅助触点断开→电动机 M_2 停转→再按下 SB_1→KM_1 主触点分断和 KM_1 两个常开辅助触点断开→电动机 M_1 停转。

8.1.5　电动机多地控制线路

有些生产设备为了操作方便，需要在两地或多地控制一台电动机，例如普通铣床的控制线路，就是一种多地控制线路。这种能在两地或多地控制一台电动机的控制方式，称为电动机的多地控制。在实际应用中，大多为两地控制。

(1) 电气控制原理图

如图 8-6 所示为两地控制的具有过载保护接触器的自锁正转控制线路图。其中 SB_3、SB_2 为安装在甲地的启动按钮和停止按钮；SB_4、SB_1 为安装在乙地的启动按钮和停止按钮。线路的特点是：两地的启动按钮 SB_3、SB_4 要并联接在一起；停止按钮 SB_1、SB_2 要串联接在一起。这样就可以分别在甲、乙两地启动和停止同一台电动机，达到操作方便之目的。对三地或多地控制，只要把各地的启动按钮并接、停止按钮串接就可以实现。

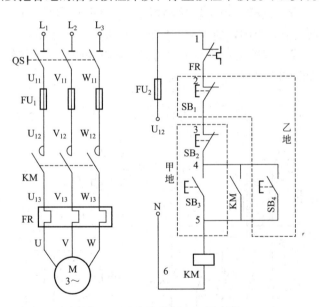

图 8-6　两地启停控制电气原理图

(2) 电路控制动作过程

合上电源开关 QS。按下甲地启动按钮 SB_3（或乙地启动按钮 SB_4）→KM 线圈得电→KM 主触点闭合及其常开自锁触点闭合→电动机 M 启动连续运转。实现甲乙两地都可以启动。

按下甲地停车按钮 SB_2（或乙地停车按钮 SB_1）→KM 线圈失电→KM 主触点断开及其常开自锁触点断开→电动机 M 停转。实现甲乙两地都可以停车。

不同生产机械的控制要求不同，顺序控制线路有多种多样的形式，可以通过不同的线路来实现顺序控制功能，满足生产机械的要求。

8.2 电动机正反转控制

生产机械需要前进、后退，上升、下降等，这就要求拖动生产机械的电动机能够改变旋转方向，也就是对电动机要实现正、反转控制。正、反转控制线路是指采用某一方式使电动机实现正、反转向调换的控制。在工厂动力设备中，通常采用改变接入三相异步电动机绕组的电源相序来实现。

正、反转控制最基本的要求是正转交流接触器和反转交流接触器线圈不能同时带电，正、反转交流接触器主触点不能同时吸合，否则会发生电源相间短路问题。实现三相异步电动机正、反转控制常用的控制线路有接触器联锁、按钮联锁和接触器按钮双重联锁控制三种形式。

8.2.1 接触器联锁正反转控制线路

(1) 电气控制原理图

根据电路的需要，在电路中采用按钮盒中的两个按钮来控制电动机的正、反转，即正转按钮 SB_2 和反转按钮 SB_3。为了避免 2 个接触器同时动作，在两个电路中分别串入对方接触器的一个常闭辅助触点。这样，当正转接触器 KM_1 得电动作时，对应的反转接触器 KM_2 由于 KM_1 常闭触点联锁的原因，使 KM_2 不能得电动作，反之亦然。这样就可保证电动机的正、反转能独立完成。这种接触器通过它的互锁触点控制另一个接触器工作状态的过程称为互锁。控制原理如图 8-7 所示。

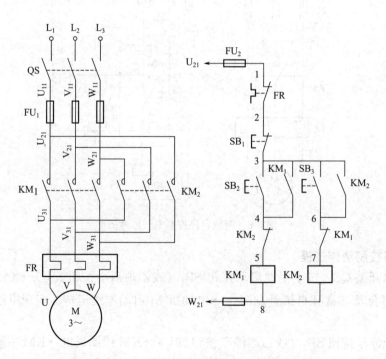

图 8-7　接触器联锁正反转原理图

（2）电路控制动作过程

先合上电源开关 QS。正转控制、反转控制和停止的工作过程如下。

① 正转控制　按下正转启动按钮 SB_2→KM_1 线圈得电→KM_1 主触点和自锁触点闭合（KM_1 常闭互锁触点断开）→电动机 M 启动连续正转。

② 反转控制　先按下停车按钮 SB_1→KM_1 线圈失电→KM_1 主触点分断→电动机 M 失电停转→再按下反转启动按钮 SB_3→KM_2 线圈得电→KM_2 主触点和自锁触点闭合→电动机 M 启动连续反转。

③ 停车　按停止按钮 SB_1→控制电路失电→KM_1（或 KM_2）主触点分断→电动机 M 失电停转。

8.2.2　按钮互锁正反转控制线路

（1）电气控制原理图

按钮互锁控制与接触器互锁控制原理基本一样，区别在于接触器互锁是采用接触器自身的常闭辅助触点来联锁接触器的主触点，使电动机工作的，而按钮互锁是采用按钮自身的常闭触点来联锁接触器的主触点，使电动机工作的。二者操作步骤和动作过程基本上是一样的，按钮互锁的三相异步电动机正反转控制线路如图 8-8 所示。

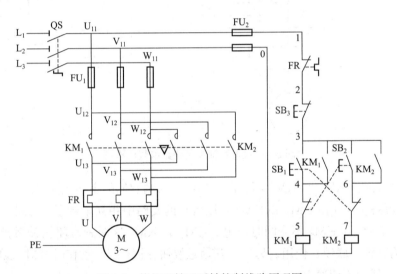

图 8-8　按钮互锁正反转控制线路原理图

（2）电路控制动作过程

闭合电源开关 QS，引入三相交流电。

① 正转控制　按下按钮 SB_1→SB_1 常闭触点先分断对 KM_2 联锁（切断反转控制线路）→SB_1 常开触点后闭合→KM_1 线圈得电→KM_1 主触点和辅助触点闭合→电动机 M 启动连续正转。

② 反转控制　按下按钮 SB_2→SB_2 常闭触点先分断→KM_1 线圈失电→KM_1 主触点分断→电动机 M 失电→SB_2 常开触点后闭合→KM_2 线圈得电→KM_2 主触点和辅助触点闭合→电动机 M 启动连续反转。

③ 停止　按停止按钮 SB_3→整个控制线路失电→KM_1（或 KM_2）主触点和辅助触点分断→电动机 M 失电停转。

8.2.3　双重互锁正反转控制

(1) 电气控制原理图

接触器、按钮双重互锁（联锁）的正、反转控制线路安全可靠、操作方便。常用接触器、按钮双重互锁（联锁）的正、反转控制线路如图 8-9 所示。

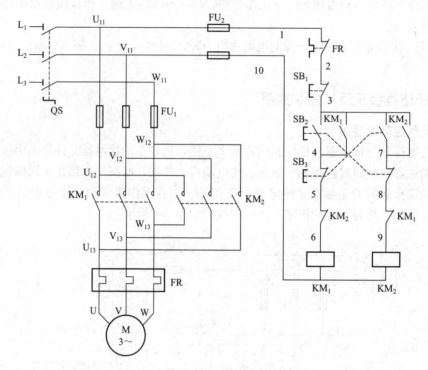

图 8-9　双重互锁控制线路电气原理图

线路要求接触器 KM_1 和 KM_2 不能同时通电，否则它们的主触点同时闭合，将造成 L_1、L_3 两相电源短路，为此在 KM_1 和 KM_2 线圈各自的支路中相互串接了对方的一副常闭辅助触点，以保证 KM_1 和 KM_2 不会同时通电。KM_1 和 KM_2 这两副常闭辅助触点在线路中所起的作用称为互锁（联锁）作用。另一个互锁是按钮互锁，SB_1 动作时 KM_2 线圈不能通电，SB_2 动作 KM_1 线圈不能通电。

(2) 电路控制动作过程

先合上电源开关 QS。正转控制、反转控制和停止的工作过程如下。

① 正转控制　按下按钮 SB_2→SB_2 常闭触点先分断对 KM_2 联锁（切断反转控制电路）→SB_2 常开触点后闭合→KM_1 线圈得电→KM_1 主触点闭合→电动机 M 启动连续正转。KM_1 联锁触点分断对 KM_2 联锁（切断反转控制线路）。

② 反转控制　按下按钮 SB_3→SB_3 常闭触点先分断→KM_1 线圈失电→KM_1 主触点分断→电动机 M 失电→SB_3 常开触点后闭合→KM_2 线圈得电→KM_2 主触点闭合→电动机 M 启动连续反转。KM_2 联锁触点分断对 KM_1 联锁（切断正转控制线路）。

③ 停止　按停止按钮 SB_1→整个控制线路失电→KM_1（或 KM_2）主触点分断→电动机 M 失电停转。

8.3 电动机行程控制

根据生产机械的运动部件的位置或行程进行控制称为行程控制。生产机械的某个运动部件，如机床的工作台，需要在一定的范围内往复循环运动，以便连续加工。这种情况要求拖动运动部件的电动机必须能自动地实现正反转控制。

8.3.1 工作台自动往返控制线路

(1) 电气控制原理图

工作台自动往返控制线路如图 8-10 所示。合上开关 QS，按下按钮 SB_2，KM_1 线圈得电，KM_1 主触点和自锁触点闭合，电动机正转，拖动工作台左移。当工作台上的挡铁碰到行程开关 SQ_2 的，SQ_2 常闭触点分断，KM_1 线圈失电，KM_1 主触点和自锁触点分断，电动机停转，工作台停止左移。稍后，KM_1 互锁触点闭合，为工作台右移做好准备。按下按钮 SB_3，KM_2 线圈得电，KM_2 主触点和自锁触点闭合，电动机反转，拖动工作台右移。当工作台上的挡铁碰到行程开关 SQ_1 时，SQ_1 常闭触点分断，KM_2 线圈失电，KM_2 主触点和自锁触点分断，电动机停转，工作台停止右移。稍后，KM_2 互锁触点闭合，为工作台左移做好准备。

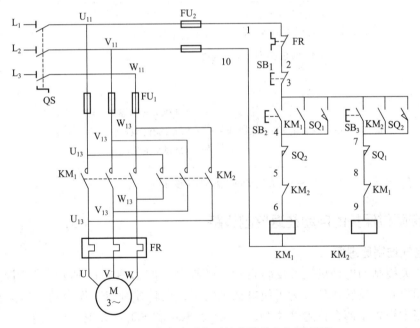

图 8-10　工作台自动往返控制线路电气原理图

(2) 电路控制动作过程

启动时：

按下按钮 SB_2 → KM_1 线圈得电
 ├─ KM_1 辅助常开触点闭合自保
 ├─ KM_1 主触点闭合 → 电动机正转
 └─ KM_1 辅助常闭触点断开与 KM_2 互锁

电动机正转带动工作台向右移动，当移动到右端行程开关 SQ_2 时：

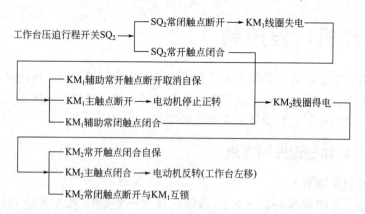

电动机反转带动工作台向左移动，当移动到左端行程开关 SQ_1 时：

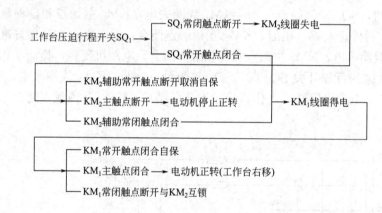

停止时：

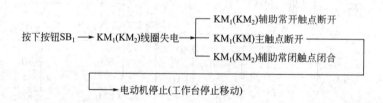

8.3.2 带限位保护的自动往返控制线路

(1) 电气控制原理图

行程开关控制的电动机正、反转自动循环控制线路如图 8-11 所示。利用行程开关可以实现电动机正、反转循环。为了使电动机的正、反转控制与工作台的左右运动相配合，在控制线路中设置了四个位置开关 SQ_1、SQ_2、SQ_3 和 SQ_4，并把它们安装在工作台需限位的地方。其中 SQ_1、SQ_2 被用来自动换接电动机正、反转控制线路，实现工作台的自动往返行程控制；SQ_3、SQ_4 被用来作终端保护，以防止 SQ_1、SQ_2 失灵，工作台越过限定位置而造成事故。在工作台边的 T 形槽中装有两块挡铁，挡铁 1 只能和 SQ_1、SQ_3 相碰撞，挡铁 2 只能和 SQ_2、SQ_4 相碰撞。当工作台运动到所限位置时，挡铁碰撞位置开关，使其触点动作，自动换接电动机正、反转控制线路，通过机械传动机构使工作台自动往返运动。工作台行程可通过移动挡铁位置来调节，拉开两块挡铁间的距离，行程就短，反之则长。

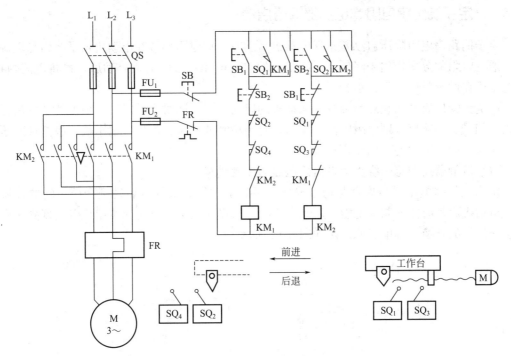

图 8-11　带限位保护的自动往返控制线路

(2) 电路控制动作过程

先合上电源开关 QS，按下前进启动按钮 SB₁→接触器 KM₁ 线圈得电→KM₁ 主触点和自锁触点闭合→电动机 M 正转→带动工作台前进→当工作台运行到 SQ₂ 位置时→撞块压下 SQ₂→其常闭触点断开（常开触点闭合）→使 KM₁ 线圈断电→KM₁ 主触点和自锁触点断开，KM₁ 动合触点闭合→KM₂ 线圈得电→KM₂ 主触点和自锁触点闭合→电动机 M 因电源相序改变而变为反转→拖动工作台后退→当撞块又压下 SQ₁ 时→KM₂ 断电→KM₁ 又得电动作→电动机 M 正转→带动工作台前进，如此循环往复。按下停车按钮 SB，KM₁ 或 KM₂ 接触器断电释放，电动机停止转动，工作台停止。SQ₃、SQ₄ 为极限位置保护的限位开关，防止 SQ₁ 或 SQ₂ 失灵时，工作台超出运动的允许位置而产生事故。

8.4　电动机降压启动控制

在工厂中，若笼型异步电动机的额定功率超出了允许直接启动的范围，则应采用降压启动。所谓降压启动，是借助启动设备将电源电压适当降低后加在定子绕组上进行启动，待电动机转速升高到接近稳定时，再使电压恢复到额定值，转入正常运行。三相笼型异步电动机容量在 10kW 以上或由于其他原因不允许直接启动时，应采用降压启动。降压启动也称减压启动。

降压启动的目的是减小启动电流以及对电网的不良影响，但它同时又降低了启动转矩，所以这种启动方法只适用于空载或轻载启动时的笼式异步电动机。笼式异步电动机降压启动的方法通常有定子绕组回路串电阻或电抗器降压启动、定子绕组串自耦变压器降压启动、Y-△变换降压启动、延边三角形降压启动四种方法。

8.4.1 定子绕组串电阻或电抗器降压启动

定子回路串电阻降压启动是指在电动机启动时，把电阻串接在电动机定子绕组与电源之间，通过电阻的分压作用来降低定子绕组上的启动电压；待电动机启动后，再将电阻短接，使电动机在额定电压下正常运行。

串电阻降压启动的缺点是减少了电动机的启动转矩，同时启动时在电阻上的功率消耗也较大，如果启动频繁，则电阻的温度很高，对于精密的机床会产生一定影响，故这种降压启动方法在生产实际中的应用正逐步减少。

(1) 接触器控制定子绕组串电阻降压启动控制线路

定子绕组串电阻降压启动是通过操作人员按动按钮完成降压启动到全压运转的转换过程，电动机启动时接通制动电阻，启动一段时间后操作人员按下切换按钮，以实现降压启动到全压运行的转换。其电气原理图如图 8-12 所示。

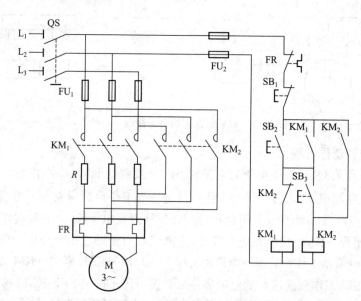

图 8-12　串电阻降压启动控制线路

控制过程：闭合电源开关 QS，接入三相交流电源。

① 降压启动　按下按钮 SB_2→KM_1 线圈得电→KM_1 主触点和辅助常开触点闭合→电动机 M 定子串电阻降压启动。

② 全压运行　待笼型电动机启动好后，按下按钮 SB_3→KM_2 线圈得电→KM_2 辅助常闭触点先断开→KM_1 线圈失电→KM_2 主触点和辅助常开触点后闭合→电动机 M 全压运行。

③ 停止　按停止按钮 SB_1→整个控制线路失电→KM_2（或 KM_1）主触点和辅助触点分断→电动机 M 失电停转。

(2) 时间继电器自动控制定子绕组串电阻降压启动控制线路

时间继电器自动控制定子绕组串电阻降压启动控制线路的控制原理图如图 8-13 所示。

控制过程：闭合电源开关 QS，接入三相交流电源。

① 降压启动　按下按钮 SB_2→KM_1 线圈得电→KM_1 主触点和辅助常开触点闭合→电动机 M 定子串电阻降压启动。

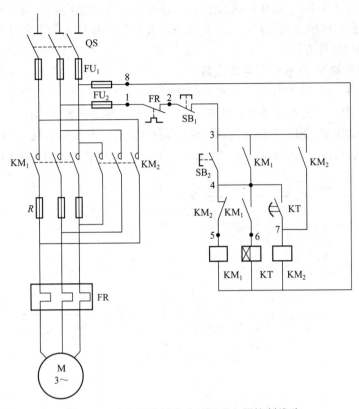

图 8-13 串电阻降压启动时间继电器控制线路

② 全压运行 当时间继电器延时结束，KT 常开触点闭合→KM₂ 线圈得电→KM₂ 辅助常闭触点断开→接触器 KM₁、时间继电器 KT 断电→KM₂ 主触点和辅助常开触点闭合，切除启动电阻 R→电动机 M 全压运行。

③ 停止 按停止按钮 SB₁→整个控制线路失电→KM₂（或 KM₁）主触点和辅助触点分断→电动机 M 失电停转。

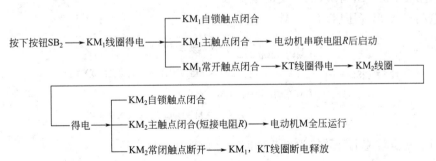

启动电阻一般采用 ZX1、ZX2 系列铸铁电阻，功率大，能够通过较大电流，三相电路中每相所串电阻值相等。

8.4.2 电动机 Y-△降压启动

电动机 Y-△降压启动是指把正常工作时电动机三相定子绕组作△形连接的电动机，启动时换接成按 Y 形连接，待电动机启动好之后，再将电动机三相定子绕组按△形连接，使电动机在额定电压下工作。采用 Y-△降压启动，可以减少启动电流，其启动电流仅为直接启动时的 1/3，启动转矩也为直接启动时的 1/3。大多数功率较大的△接法的三相异步电动机降压启动都采用这种方法。

(1) 按钮控制的 Y-△形降压启动线路

按钮控制的 Y-△形降压启动线路的工作原理如图 8-14 所示，本电路使用了三个交流接触器，其中 KM 为电源引入接触器，KM$_1$ 为 Y 形启动接触器，KM$_2$ 为△形运行接触器。按钮中的 SB$_2$ 为启动按钮，SB$_3$ 为转换按钮，SB$_1$ 为停止按钮。启动时，按下 SB$_2$，电动机 Y 形连接，实现降压启动；启动结束后，按下 SB$_3$，电动机△形连接，电动机在全压下工作。

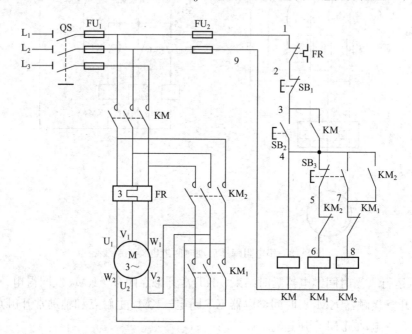

图 8-14　按钮控制 Y-△形降压启动电气原理图

闭合电源开关 QS，接入三相交流电。

① 电动机 Y 形降压启动。

② 当电动机转速上升并接近额定值时，△形连接全压运行。

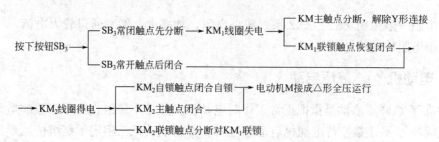

停车：按下 SB_1→控制电路接触器线圈失电→主电路中的主触点分断→电动机 M 停转。

（2）时间继电器控制的 Y-△降压启动线路

① 时间继电器自动控制的 Y-△降压启动电路工作原理 常见的 Y-△降压启动自动控制线路如图 8-15 所示。主电路由 3 个接触器 KM_1、KM_2、KM_3 主触点的通断配合，分别将电动机的定子绕组接成 Y 形或△形。当 KM_1、KM_3 线圈通电吸合时，其主触点闭合，定子绕组接成 Y 形；当 KM_1、KM_2 线圈通电吸合时，其主触点闭合，定子绕组接成△形。两种接线方式的切换由控制电路中的时间继电器定时自动完成。

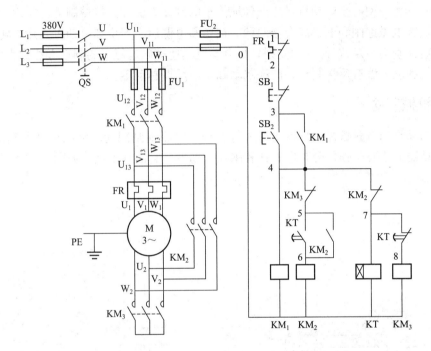

图 8-15 时间继电器控制 Y-△降压启动电气原理图

② 电路控制动作过程 闭合电源开关 QS，接入三相交流电源。

a. Y 启动△运行。

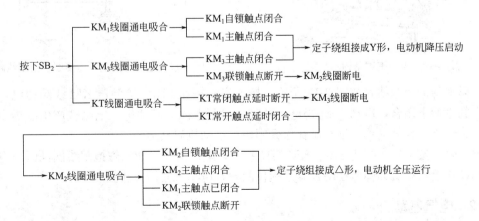

b. 停止。按下 SB_1→控制电路断电→KM_1、KM_2、KM_3 线圈断电释放→电动机 M 断电停车。

8.5 电动机制动控制

三相笼型异步电动机切断电源后，由于惯性，总要经过一段时间才能完全停止。为缩短时间，提高生产效率和加工精度，要求生产机械能迅速准确地停车。采取一定措施使三相笼型异步电动机在切断电源后迅速准确地停车的过程，称为三相笼型异步电动机制动。

三相笼型异步电动机的制动方法分为机械制动和电气制动两大类。在切断电源后，利用机械装置使三相笼型异步电动机迅速准确地停车的制动方法称为机械制动，应用较普遍的机械制动装置有电磁抱闸和电磁离合器两种。在切断电源后，产生和电动机实际旋转方向相反的电磁力矩（制动力矩），使三相笼型异步电动机迅速准确地停车的制动方法称为电气制动。常用的电气制动方法有反接制动、能耗制动和发电反馈制动等。

8.5.1 机械制动

机械制动是用电磁铁操纵机械机构进行制动（电磁抱闸制动、电磁离合器制动等）。电磁抱闸制动器的主要工作部分是电磁铁和闸瓦制动器，它的基本结构如图 8-16 所示。

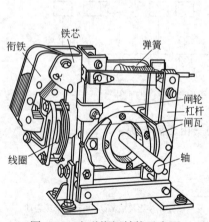

图 8-16　电磁抱闸结构示意图

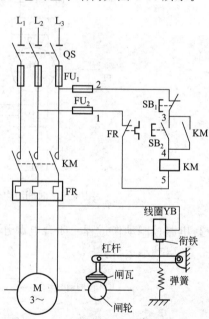

图 8-17　电动机的电磁抱闸制动控制线路

电磁抱闸的控制线路如图 8-17 所示。按下启动按钮 SB_2，接触器 KM 线圈通电，其自锁触点和主触点闭合，电动机 M 得电。同时，抱闸电磁线圈通电，电磁铁产生磁场力吸合衔铁，带动制动杠杆动作，推动闸瓦松开闸轮，电动机启动运转。

停车时，按下停车按钮 SB_1，KM 线圈断电，电动机绕组和电磁抱闸线圈同时断电，电磁铁衔铁释放，弹簧的弹力使闸瓦紧紧抱住闸轮，电动机立即停止转动。

8.5.2 电气制动

（1）反接制动

反接制动是将运动中的电动机电源反接（即将任意两根相线接法对调），以改变电动机定子绕组的电源相序，定子绕组产生反向的旋转磁场，从而使转子受到与原旋转方向相反的制动力矩而迅速停转。

速度继电器控制反接制动电气原理图如图 8-18 所示。电动机正常运转时，KM_1 通电吸合，KS 的常开触点闭合，为反接制动做准备。按下停止按钮 SB_1，KM_1 断电，电动机定子绕组脱离三相电源，电动机因惯性仍以很高速度旋转，KS 常开触点仍保持闭合，将 SB_1 按到底，使 SB_1 常开触点闭合，KM_2 通电并自锁，电动机定子串接电阻接上反相序电源，进入反接制动状态。电动机转速迅速下降，当电动机转速接近 $100r/min$ 时，KS 常开触点复位，KM_2 断电，电动机断电，反接制动结束。

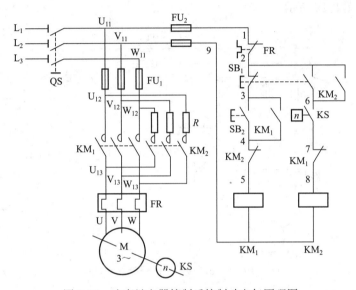

图 8-18　速度继电器控制反接制动电气原理图

线路工作过程：合上电源开关 QS，接入三相交流电。
单向启动：

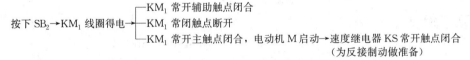

反接制动：

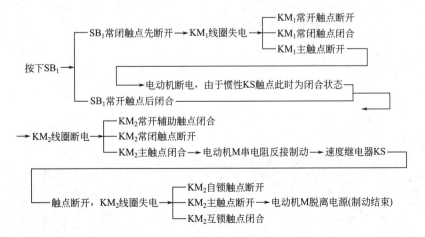

反接制动适用于要求制动迅速，制动不频繁（如各种机床的主轴制动）的场合。容量较大（4.5kW 以上）的电动机采用反接制动时，须在主回路中串联限流电阻。但是，由于反接制动时，振动和冲击力较大，影响机床的精度，所以使用时受到一定限制。

(2) 能耗制动

能耗制动是在三相笼型异步电动机脱离三相交流电源后，在定子绕组上加一个直流电源，使定子绕组产生一个静止的磁场，当电动机在惯性作用下继续旋转时会产生感应电流，该感应电流与静止磁场相互作用产生一个与电动机旋转方向相反的电磁转矩（制动转矩），使电动机迅速停转。能耗制动的控制形式比较多，下面以全波整流、时间控制原则为例来说明，控制线路如图 8-19 所示。

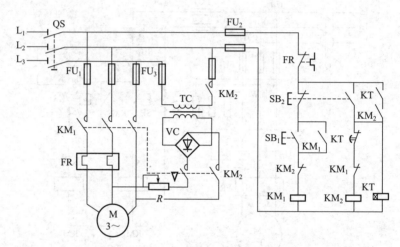

图 8-19　能耗制动控制线路电气原理图

电路控制动作过程：合上电源开关 QS，接入三相交流电源。

① 启动过程。

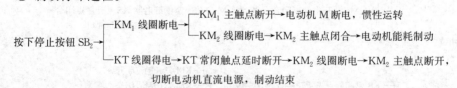

② 制动停车过程。

按下停止按钮 SB₂ ─┬─ KM₁ 线圈断电 ─┬─ KM₁ 主触点断开 ─→ 电动机 M 断电，惯性运转
　　　　　　　　　　　　　　　　　　　└─ KM₂ 线圈断电 ─→ KM₂ 主触点闭合 ─→ 电动机能耗制动
　　　　　　　　　└─ KT 线圈得电 ─→ KT 常闭触点延时断开 ─→ KM₂ 线圈断电 ─→ KM₂ 主触点断开，
　　　　　　　　　　切断电动机直流电源，制动结束

第9章

可编程控制器PLC

可编程控制器简称 PLC。它是在电气控制技术和计算机技术的基础上开发出来的，并逐渐发展成为以微处理器为核心，把自动化技术、计算机技术、通信技术融为一体的新型工业控制装置。目前，PLC 已被广泛应用于各种生产机械和生产过程的自动控制中，成为了一种最重要、最普及、应用场合最多的工业控制装置，被公认为现代工业自动化的三大支柱（PLC、机器人、CAD/CAM）之一。

9.1 PLC 的基础知识

9.1.1 可编程控制器的特点

PLC 技术之所以高速发展，除了工业自动化的客观需要外，主要是因为它具有许多独特的优点。它较好地解决了工业领域中普遍关心的可靠、安全、灵活、方便、经济等问题。主要有以下特点。

（1）可靠性高、抗干扰能力强

可靠性高、抗干扰能力强是 PLC 最重要的特点之一。PLC 的平均无故障时间可达几十万个小时，之所以有这么高的可靠性，是由于它采用了一系列的硬件和软件的抗干扰措施。

① 硬件方面　I/O 通道采用光电隔离，有效地抑制了外部干扰源对 PLC 的影响；对供电电源及线路采用多种形式的滤波，从而消除或抑制了高频干扰；对 CPU 等重要部件采用良好的导电、导磁材料进行屏蔽，以减少空间电磁干扰；对有些模块设置了联锁保护、自诊断电路等。

② 软件方面　PLC 采用扫描工作方式，减少了由于外界环境干扰引起的故障；在 PLC 系统程序中设有故障检测和自诊断程序，能对系统硬件电路等故障实现检测和判断；当由外界干扰引起故障时，能立即将当前重要信息加以封存，禁止任何不稳定的读写操作，一旦外界环境正常后，便可恢复到故障发生前的状态，继续原来的工作。

（2）编程简单、使用方便

目前，大多数 PLC 采用的编程语言是梯形图语言，它是一种面向生产、面向用户的编程语言。梯形图与电气控制线路图相似，形象、直观，不需要掌握计算机知识，很容易让广大工程技术人员掌握。当生产流程需要改变时，可以现场改变程序，使用方便、灵活。同时，PLC 编程器的操作和使用也很简单。这也是 PLC 获得普及和推广的主要原因之一。

许多 PLC 还针对具体问题，设计了各种专用编程指令及编程方法，进一步简化了编程。

（3）功能完善、通用性强

现代 PLC 不仅具有逻辑运算、定时、计数、顺序控制等功能，而且还具有 A/D 和 D/A 转换、数值运算、数据处理、PID 控制、通信联网等许多功能。同时，由于 PLC 产品的系列化、模块化，有品种齐全的各种硬件装置供用户选用，可以组成满足各种要求的控制系统。

（4）设计安装简单、维护方便

由于 PLC 用软件代替了传统电气控制系统的硬件，控制柜的设计、安装接线工作量大为减少。PLC 的用户程序大部分可在实验室进行模拟调试，缩短了应用设计和调试周期。在维修方面，由于 PLC 的故障率极低，维修工作量很小；而且 PLC 具有很强的自诊断功能，如果出现故障，可根据 PLC 上的指示或编程器上提供的故障信息，迅速查明原因，维修极为方便。

（5）体积小、重量轻、能耗低

由于 PLC 采用了集成电路，其结构紧凑、体积小、能耗低，因而是实现机电一体化的理想控制设备。

9.1.2 可编程控制器的分类

PLC 产品种类繁多，其规格和性能也各不相同。对 PLC 的分类，通常根据其结构形式的不同、功能的差异和 I/O 点数的多少等进行大致分类。

（1）按结构形式分类

根据 PLC 的结构形式，可将 PLC 分为整体式和模块式两类。

① 整体式 PLC　整体式 PLC 是将电源、CPU、I/O 接口等部件都集中装在一个机箱内，具有结构紧凑、体积小、价格低的特点。小型 PLC 一般采用这种整体式结构。整体式 PLC 由不同 I/O 点数的基本单元（又称主机）和扩展单元组成。基本单元内有 CPU、I/O 接口、与 I/O 扩展单元相连的扩展口，以及与编程器或 EPROM 写入器相连的接口等。扩展单元内只有 I/O 和电源等，没有 CPU。基本单元和扩展单元之间一般用扁平电缆连接。整体式 PLC 一般还可配备特殊功能单元，如模拟量单元、位置控制单元等，使其功能得以扩展。

② 模块式 PLC　模块式 PLC 是将 PLC 各组成部分，分别做成若干个单独的模块，如 CPU 模块、I/O 模块、电源模块（有的含在 CPU 模块中）以及各种功能模块。模块式 PLC 由框架或基板和各种模块组成。模块装在框架或基板的插座上。这种模块式 PLC 的特点是配置灵活，可根据需要选配不同规模的系统，而且装配方便，便于扩展和维修。大、中型 PLC 一般采用模块式结构。

还有一些 PLC 将整体式和模块式的特点结合起来，构成所谓叠装式 PLC。叠装式 PLC 其 CPU、电源、I/O 接口等也是各自独立的模块，但它们之间是靠电缆进行连接的，并且各模块可以一层层地叠装。这样，不但系统可以灵活配置，还可做得体积小巧。

（2）按功能分类

根据 PLC 所具有的功能不同，可将 PLC 分为低档、中档、高档三类。

① 低档 PLC　具有逻辑运算、定时、计数、移位以及自诊断、监控等基本功能，还可有少量模拟量输入/输出、算术运算、数据传送和比较、通信等功能。主要用于逻辑控制、

顺序控制或少量模拟量控制的单机控制系统。

② 中档PLC　除具有低档PLC的功能外，还具有较强的模拟量输入/输出、算术运算、数据传送和比较、数制转换、远程I/O、子程序、通信联网等功能。有些还可增设中断控制、PID控制等功能，适用于复杂控制系统。

③ 高档PLC　除具有中档机的功能外，还增加了带符号算术运算、矩阵运算、位逻辑运算、平方根运算及其他特殊功能函数的运算、制表及表格传送功能等。高档PLC机具有更强的通信联网功能，可用于大规模过程控制或构成分布式网络控制系统，实现工厂自动化。

(3) 按I/O点数分类

根据PLC的I/O点数的多少，可将PLC分为小型、中型和大型三类。

① 小型PLC　I/O点数为256点以下的为小型PLC。其中，I/O点数小于64点的为超小型或微型PLC。

② 中型PLC　I/O点数为256点以上、2048点以下的为中型PLC。

③ 大型PLC　I/O点数为2048点以上的为大型PLC。其中，I/O点数超过8192点的为超大型PLC。

在实际应用中，一般PLC功能的强弱与其I/O点数的多少是相互关联的，即PLC的功能越强，其可配置的I/O点数越多。因此，通常所说的小型、中型、大型PLC，除指其I/O点数不同外，同时也表示其对应功能为低档、中档、高档。

9.2　PLC的组成结构

PLC是微机技术和控制技术相结合的产物，是一种以微处理器为核心的用于控制的特殊计算机，因此PLC的基本组成与一般的微机系统类似。

9.2.1　PLC的硬件结构

PLC的硬件主要由中央处理器（CPU）、存储器、输入单元、输出单元、通信接口、扩展接口电源等部分组成。其中，CPU是PLC的核心，输入单元与输出单元是连接现场输入/输出设备与CPU的接口电路，通信接口用于与编程器、上位计算机等外设连接。PLC组成框图如图9-1所示。

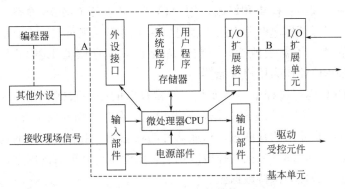

图9-1　PLC的硬件结构

(1) 中央处理单元（CPU）

同一般的微机一样，CPU是PLC的核心。PLC中所配置的CPU随机型不同而不同，常用的有三类：通用微处理器（如 Z80、8086、80286 等）、单片微处理器（如 8031、8096 等）和位片式微处理器（如 AMD29W 等）。小型 PLC 大多采用 8 位通用微处理器和单片微处理器；中型 PLC 大多采用 16 位通用微处理器或单片微处理器；大型 PLC 大多采用高速位片式微处理器。

目前，小型 PLC 为单 CPU 系统，而中、大型 PLC 则大多为双 CPU 系统，甚至有些 PLC 中多达 8 个 CPU。对于双 CPU 系统，一般一个为字处理器，一般采用 8 位或 16 位处理器；另一个为位处理器，采用由各厂家设计制造的专用芯片。字处理器为主处理器，用于执行编程器接口功能，监视内部定时器，监视扫描时间，处理字节指令以及对系统总线和位处理器进行控制等。位处理器为从处理器，主要用于处理位操作指令和实现 PLC 编程语言向机器语言的转换。位处理器的采用，提高了 PLC 的速度，使 PLC 更好地满足实时控制要求。

在 PLC 中 CPU 按系统程序赋予的功能，指挥 PLC 有条不紊地进行工作，归纳起来主要有以下几个方面。

① 接收从编程器输入的用户程序和数据。

② 诊断电源、PLC 内部电路的工作故障和编程中的语法错误等。

③ 通过输入接口接收现场的状态或数据，并存入输入映像寄存器或数据寄存器中。

④ 从存储器逐条读取用户程序，经过解释后执行。

⑤ 根据执行的结果，更新有关标志位的状态和输出映像寄存器的内容，通过输出单元实现输出控制。有些 PLC 还具有制表打印或数据通信等功能。

(2) 存储器

存储器主要有两种：一种是可读/写操作的随机存储器 RAM，另一种是只读存储器 ROM、PROM、EPROM 和 EEPROM。在 PLC 中，存储器主要用于存放系统程序、用户程序及工作数据。

系统程序是由 PLC 的制造厂家编写的，和 PLC 的硬件组成有关，主要完成系统诊断、命令解释、功能子程序调用管理、逻辑运算、通信及各种参数设定等功能，提供 PLC 运行的平台。系统程序关系到 PLC 的性能，而且在 PLC 使用过程中不会变动，所以由制造厂家直接固化在只读存储器 ROM、PROM 或 EPROM 中，用户不能访问和修改。

用户程序是随 PLC 的控制对象而定的，由用户根据对象生产工艺的控制要求而编制的应用程序。为了便于读出、检查和修改，用户程序一般存于 CMOS 静态 RAM 中，用锂电池作为后备电源，以保证掉电时不会丢失信息。为了防止干扰对 RAM 中程序的破坏，当用户程序经过运行正常，不需要改变，可将其固化在只读存储器 EPROM 中。现在有许多 PLC 直接采用 EEPROM 作为用户存储器。

工作数据是 PLC 运行过程中经常变化、经常存取的一些数据。存放在 RAM 中，以适应随机存取的要求。在 PLC 的工作数据存储器中，设有存放输入输出继电器、辅助继电器、定时器、计数器等逻辑器件的存储区，这些器件的状态都是由用户程序的初始设置和运行情况而确定的。根据需要，部分数据在掉电时用后备电池维持其现有的状态，这部分在掉电时可保存数据的存储区域称为保持数据区。

由于系统程序及工作数据与用户无直接联系，所以在 PLC 产品样本或使用手册中所列存储器的形式及容量是指用户程序存储器。当 PLC 提供的用户存储器容量不够用时，许多 PLC 还提供有存储器扩展功能。

（3）输入/输出单元

输入/输出单元通常也称I/O单元或I/O模块，是PLC与工业生产现场之间的连接部件。PLC通过输入接口可以检测被控对象的各种数据，以这些数据作为PLC对被控制对象进行控制的依据；同时PLC又通过输出接口将处理结果送给被控制对象，以实现控制目的。

由于外部输入设备和输出设备所需的信号电平是多种多样的，而PLC内部CPU的处理的信息只能是标准电平，所以I/O接口要实现这种转换。I/O接口一般都具有光电隔离和滤波功能，以提高PLC的抗干扰能力。另外，I/O接口上通常还有状态指示，工作状况直观，便于维护。

PLC提供了多种操作电平和驱动能力的I/O接口，有各种各样功能的I/O接口供用户选用。I/O接口的主要类型有：数字量（开关量）输入、数字量（开关量）输出、模拟量输入、模拟量输出等。

常用的开关量输出接口按输出开关器件不同有继电器输出、晶闸管输出和晶体管输出三种类型，其基本原理电路如图9-2所示。继电器输出接口可驱动交流或直流负载，但其响应时间长，动作频率低；而晶体管输出和双向晶闸管输出接口的响应速度快，动作频率高，但前者只能用于驱动直流负载，后者只能用于交流负载。

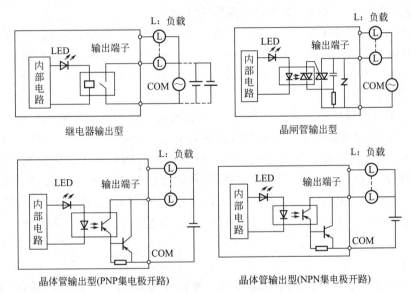

图9-2 开关量输出接口

PLC的I/O接口所能接受的输入信号个数和输出信号个数称为PLC输入/输出（I/O）点数。I/O点数是选择PLC的重要依据之一。当系统的I/O点数不够时，可通过PLC的I/O扩展接口对系统进行扩展。

（4）通信接口

PLC配有各种通信接口，这些通信接口一般都带有通信处理器。PLC通过这些通信接口可与监视器、打印机、其他PLC、计算机等设备实现通信。PLC与打印机连接，可将过程信息、系统参数等输出打印；与监视器连接，可将控制过程图像显示出来；与其他PLC连接，可组成多机系统或连成网络，实现更大规模的控制。与计算机连接，可组成多级分布式控制系统，实现控制与管理相结合。

远程I/O系统也必须配备相应的通信接口模块。

(5) 智能接口模块

智能接口模块是一独立的计算机系统，它有自己的 CPU、系统程序、存储器以及与 PLC 系统总线相连的接口。它作为 PLC 系统的一个模块，通过总线与 PLC 相连，进行数据交换，并在 PLC 的协调管理下独立地进行工作。

PLC 的智能接口模块种类很多，如：高速计数模块、闭环控制模块、运动控制模块、中断控制模块等。

(6) 编程装置

编程装置的作用是编辑、调试、输入用户程序，也可在线监控 PLC 内部状态和参数，与 PLC 进行人机对话。它是开发、应用、维护 PLC 不可缺少的工具。编程装置可以是专用编程器，也可以是配有专用编程软件包的通用计算机系统。专用编程器由 PLC 厂家生产，专供该厂家生产的某些 PLC 产品使用，它主要由键盘、显示器和外存储器接插口等部件组成。专用编程器有简易编程器和智能编程器两类。

简易型编程器只能联机编程，而且不能直接输入和编辑梯形图程序，需将梯形图程序转化为指令表程序才能输入。简易编程器体积小、价格便宜，它可以直接插在 PLC 的编程插座上，或者用专用电缆与 PLC 相连，以方便编程和调试。有些简易编程器带有存储盒，可用来储存用户程序，如三菱的 FX-20P-E 简易编程器。

智能编程器又称图形编程器，本质上它是一台专用便携式计算机，如三菱的 GP-80FX-E 智能型编程器。它既可联机编程，又可脱机编程。可直接输入和编辑梯形图程序，使用更加直观、方便，但价格较高，操作也比较复杂。大多数智能编程器带有磁盘驱动器，提供录音机接口和打印机接口。

专用编程器只能对指定厂家的几种 PLC 进行编程，使用范围有限，价格较高。同时，由于 PLC 产品不断更新换代，所以专用编程器的生命周期也十分有限。因此，现在的趋势是使用以个人计算机为基础的编程装置，用户只需要购买 PLC 厂家提供的编程软件和相应的硬件接口装置。这样，用户只用较少的投资即可得到高性能的 PLC 程序开发系统。

基于个人计算机的程序开发系统功能强大。它既可以编制、修改 PLC 的梯形图程序，又可以监视系统运行、打印文件、系统仿真等。配上相应的软件还可实现数据采集和分析等许多功能。

(7) 电源

PLC 配有开关电源，以供内部电路使用。与普通电源相比，PLC 电源的稳定性好、抗干扰能力强。对电网提供的电源稳定度要求不高，一般允许电源电压在其额定值±15%的范围内波动。许多 PLC 还向外提供直流 24V 稳压电源，用于对外部传感器供电。

(8) 其他外部设备

除了以上所述的部件和设备外，PLC 还有许多外部设备，如 EPROM 写入器、外存储器、人/机接口装置等。

EPROM 写入器是用来将用户程序固化到 EPROM 存储器中的一种 PLC 外部设备。为了使调试好的用户程序不易丢失，经常用 EPROM 写入器将 PLC 内 RAM 保存到 EPROM 中。

PLC 内部的半导体存储器称为内存储器。有时可用外部的磁带、磁盘和用半导体存储器做成的存储盒等来存储 PLC 的用户程序，这些存储器件称为外存储器。外存储器一般是通过编程器或其他智能模块提供的接口，实现与内存储器之间相互传送用户程序。

人/机接口装置是用来实现操作人员与 PLC 控制系统的对话的。最简单、最普遍的人/机接口装置由安装在控制台上的按钮、转换开关、拨码开关、指示灯、LED 显示器、声光报警器等器件构成。对于 PLC 系统，还可采用半智能型 CRT 人/机接口装置和智能型终端人/机接口装置。半智能型 CRT 人/机接口装置可长期安装在控制台上，通过通信接口接收来自 PLC 的信息并在 CRT 上显示出来；而智能型终端人/机接口装置有自己的微处理器和存储器，能够与操作人员快速交换信息，并通过通信接口与 PLC 相连，也可作为独立的节点接入 PLC 网络。

9.2.2 PLC 的软件结构

PLC 的软件由系统程序和用户程序组成。

系统程序由 PLC 制造厂商设计编写，并存入 PLC 的系统存储器中，用户不能直接读写与更改。系统程序一般包括系统诊断程序、输入处理程序、编译程序、信息传送程序、监控程序等。

PLC 的用户程序是用户利用 PLC 的编程语言，根据控制要求编制的程序。在 PLC 的应用中，最重要的是用 PLC 的编程语言来编写用户程序，以实现控制目的。由于 PLC 是专门为工业控制而开发的装置，其主要使用者是广大电气技术人员，为了满足他们的传统习惯和掌握能力，PLC 的主要编程语言采用比计算机语言相对简单、易懂、形象的专用语言。

PLC 编程语言是多种多样的，对于不同生产厂家、不同系列的 PLC 产品采用的编程语言的表达方式也不相同，但基本上可归纳两种类型：一是采用字符表达方式的编程语言，如语句表等；二是采用图形符号表达方式编程语言，如梯形图等。

以下简要介绍几种常见的 PLC 编程语言。

(1) 梯形图

梯形图是一种以图形符号的相互关系表示控制功能的编程语言，它是从继电器控制系统原理图的基础上演变而来的，这种表达方式与传统的继电器控制电路图非常相似，是目前应用最多的一种语言。如图 9-3(a) 所示的继电器控制电路，用 PLC 完成其功能的梯形图如图 9-3(b) 所示。

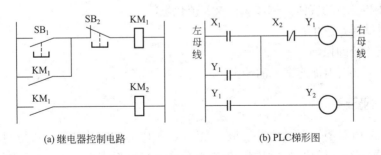

(a) 继电器控制电路　　　　　(b) PLC梯形图

图 9-3　电器控制线路图与梯形图

(2) 指令表

指令表是一种类似于计算机汇编语言的一种文本语言，即用特定的助记符号来表示某种逻辑关系，指令语句的一般格式为：操作码、操作数。

操作码又称为编程指令，用助记符表示。操作数给出操作码所指定操作的对象或执行该操作所需的数据，通常由标识符和参数组成。

用指令语句表达图 9-3(b) 所示的电路，如下所示。

步序号	指令	数据
0	LD	X_1
1	OR	Y_1
2	ANI	X_2
3	OUT	Y_1
4	LD	Y_1
5	OUT	Y_2

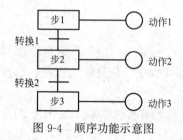

图 9-4　顺序功能示意图

(3) 顺序功能图

顺序功能图是为了满足顺序逻辑控制而设计的编程语言，它将一个完整的控制过程分为若干步，每一步代表一个控制功能状态，步间有一定的转换条件，转换条件满足就实现转移，上一步动作结束，下一步动作开始，这样一步一步地按照顺序动作。步用方框表示，每步都有一个编号，用 PLC 内部元件状态器来保持状态，如图 9-4 所示为一顺序功能示意图。

9.3 PLC 的安装

9.3.1 PLC 的安装环境要求

虽然 PLC 可以适用于大多数工业现场，但它对使用场合、环境温度等还是有一定要求的。在安装 PLC 时，要避开下列场所。

① 环境温度超过 50℃的范围。

② 相对湿度超过 85％或者存在露水凝聚（由温度突变或其他因素所引起的）。

③ 太阳光直接照射。

④ 有腐蚀和易燃的气体，例如氯化氢、硫化氢等。

⑤ 有大量铁屑及灰尘。

⑥ 频繁或连续的振动。

⑦ 超过 $10g$（重力加速度）的冲击。

9.3.2 PLC 的安装

不同类型的 PLC 有不同的安装规范，如 CPU 与电源的安装位置、机架间的距离、接口模块的安装位置、I/O 模块量、机架与安装部分的连接电阻等都有明确的要求，安装时必须按所用的产品的安装要求进行。PLC 应设有独立、良好的接地装置，接地电阻要小于 4Ω，接地线不能超过 20m，PLC 不能与其他设备共用一个接地体。PLC 电源线、I/O 线、动力线最好放在各自的电缆槽或电缆管中，线中心距要保持至少大于 300mm 的距离。模拟量输入/输出线最好加屏蔽，且屏蔽层应一端接地。PLC 要远离干扰源，信号线若不能避开干扰源，应采用光纤电缆。在室外安装时须采取防雷击的措施，例如在两端接地的金属管线中走线。

为了减少动力电缆电磁辐射干扰，尤其是变频装置馈电电缆引起的电磁干扰，应遵循两条基本原则：一是在实际工程中，尽量采用铜带铠装屏蔽电力电缆，降低动力线产生的电磁干扰，这种方法的实际效果在许多场合被证明是非常有效的；二是对不同类型的信号分别由不同电缆传输，信号电缆应按传输信号的种类分层敷设，严禁同一电缆的不同导线同时传送动力电源和信号，避免信号线与动力电缆平行敷设，以减小电磁干扰。

在安装 PLC 时，应注意以下几个问题。

(1) 忌安装位置选择不当

PLC 不能与高压电器安装在同一个开关柜内。在柜内可编程控制器应远离动力线（二者的距离应大于 200mm）。与可编程控制器装在同一开关柜内的电感性元件，如继电器、接触器的线圈，应并联 RC 消弧电路。PLC 应远离强干扰源，如大功率晶闸管装置、高频焊机和大型动力设备等。

(2) 忌连接导线选用不当

导线的选择应根据传输信号的电平（或功率电平）、频率范围、敏感情况及隔离要求来确定。选用传输电缆的一般原则如下。

电源线，如 380V 交流、220V 交流、27V 直流一般不用屏蔽电缆，但电源线干扰大时例外。

低频信号线以及隔离要求很严格的多点接地和单点接地线路应采用屏蔽双绞线。

单点接地的音频线路和内部电源线应采用双绞线。

对于重要的射频脉冲、高频信号以及宽频带内阻抗匹配等，应选择同轴电缆。

数字电路和脉冲电路应采用绞合屏蔽电缆，有时需要单独屏蔽。

高电平电源线应穿钢管敷设。

多点接地的音频线或电源线需采用屏蔽线。

低频仪表可采用单芯、单屏蔽导线。其传输中等信号电平并有良好接地系统时，效果比较好。

一般来说，按钮、限位开关、接近开关等外接电气部件提供的开关量信号对电缆无严格要求，选用一般电缆；若信号传输距离较远时，可选用屏蔽电缆；模拟信号和高速信号线（如脉冲传感器、计数码盘等提供的信号）应选用屏蔽电缆。

通信电缆要求可靠性高，有的通信电缆的信号频率很高（MHz），一般应选用可编程控制器生产厂家提供的专用电缆（如光纤电缆），在要求不高或信号频率较低时，也可以选用带屏蔽的多芯电缆或双绞线电缆。

隔离变压器与 PLC 和 I/O 之间应采用双绞线连接。

(3) 忌线路布局不合理

动力线、控制线以及 PLC 的电源线和 I/O 线应分别配线，并保持一定的距离。

I/O 线和大功率线应分开分槽走线，这不仅能使其有尽可能大的空间距离，并能将干扰降到最低限度。如必须在同一线槽内，应分开捆扎交流线、直流线。

不同类型的线应分别装入不同的管槽中；信号线应装入专用电缆管槽中，并尽量靠近地线或接地的金属导体。当信号线长度超过 300m 时，应采用中间继电器转接信号或使用 PLC 的远程 I/O 模块。

交流电路与直流电路应分别使用不同的电缆。

（4）忌信号传输线布线方法不当

通常，当模拟量输入/输出信号距 PLC 较远时，应采用 4～20mA 或 0～10mA 的电流传输方式，而不是采用易受干扰的电压传送方式。

传送模拟信号的屏蔽线，其屏蔽层应一端接地。为了泄放高频干扰，数字信号线的屏蔽层应并联电位均衡线，并将屏蔽层两端接地。

不同的信号线最好不用同一个插接件转接，如必须用同一个插接件，要用备用端子或地线端子将它们分隔开，以减少相互干扰。

I/O 端输入接线应尽可能采用动合触点形式连接到输入端，使编制的梯形图与继电器原理图一致，以便于阅读。

输出端接线分为独立输出和公共输出。在不同组中，可采用不同类型和电压等级的输出电压。但在同一组中的输出只能用同一类型、同一电压等级的电源。

（5）忌接地点选择不当，接地系统不完善

良好的接地是保证 PLC 可靠工作的重要条件，可以避免偶然发生的电压冲击危害。接

图 9-5　PLC 系统接地方式

地的目的通常有两个，其一为了安全，其二是为了抑制干扰。完善的接地系统是 PLC 控制系统抗电磁干扰的重要措施之一，如图 9-5 所示为正确的接地方法，禁忌采用串联接地方式。

PLC 控制系统的地线包括系统地、屏蔽地、交流地和保护地等。接地系统混乱对 PLC 系统的干扰主要是各个接地点电位分布不均，不同接地点间存在地电位差，引起地环路电流，影响系统正常工作。若系统地与其他接地处理混乱，所产生的地环流就可能在地线上产生不等电位分布，影响 PLC 内逻辑电路和模拟电路的正常工作。PLC 工作的逻辑电压干扰容限较低，逻辑地电位的分布干扰容易影响 PLC 的逻辑运算和数据存储，造成数据混乱、程序跑飞或死机。模拟地电位的分布将导致测量精度下降，引起对信号测控的严重失真和误动作。

一般的施工方案是：电源线接地端和柜体连线接地端为安全接地。如电源漏电或柜体带电，可从安全接地导入地下，不会对人造成伤害。接地电阻值不得大于 4Ω，一般需将 PLC 设备系统地和控制柜内开关电源负端接在一起，作为控制系统地。

信号源接地时，屏蔽层应在信号侧接地；不接地时，应在 PLC 侧接地；信号线中间有接头时，屏蔽层应牢固连接并进行绝缘处理，一定要避免多点接地；多个测点信号的屏蔽双绞线与多芯对绞总屏蔽电缆连接时，各屏蔽层应相互连接好，并经绝缘处理，选择适当的接地处单点接点。

（6）忌干扰抑制措施不当

变频器的干扰处理措施一般有下面三种方式。

① 加隔离变压器。主要是针对来自电源的传导干扰，可以将绝大部分的传导干扰阻隔在隔离变压器之前。

② 使用滤波器。滤波器具有较强的抗干扰能力，还具有防止将设备本身的干扰传导给电源的功能，有些还兼有尖峰电压吸收功能。

③ 使用输出电抗器。在变频器到电动机之间增加交流电抗器主要是为了减少变频器输出在能量传输过程中线路产生的电磁辐射，以免影响其他设备正常工作。

9.4 PLC 的使用与维护

9.4.1 PLC 的使用

PLC 的使用主要有两个方面：一是硬件设置（包括接线等）；二是软件设置。

(1) 硬件设置

下面以欧姆龙相关产品为例，介绍 PLC 的硬件设置步骤及方法，如表 9-1 所示。

表 9-1 硬件设置步骤及方法

步骤	方法	图　示
1	设置面板上的操作模式	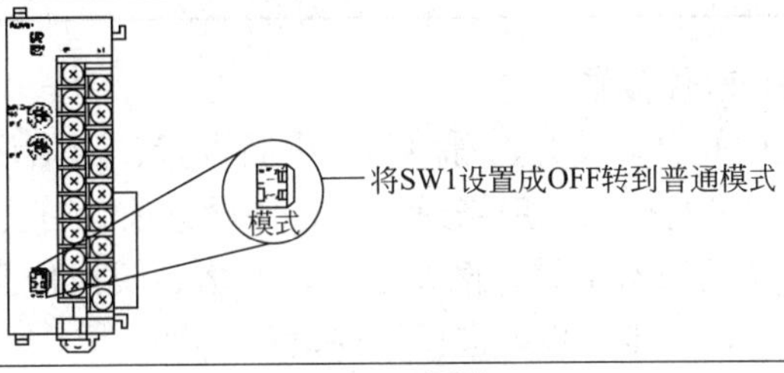模式 将SW1设置成OFF转到普通模式
2	设置电压电流开关(注意:开关在接线端子下面,需要将接线端子卸下来)	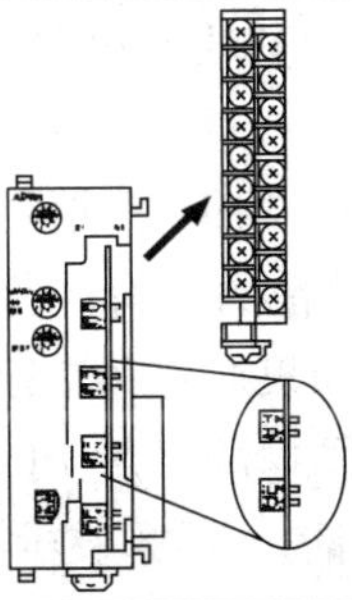
3	设置单元号	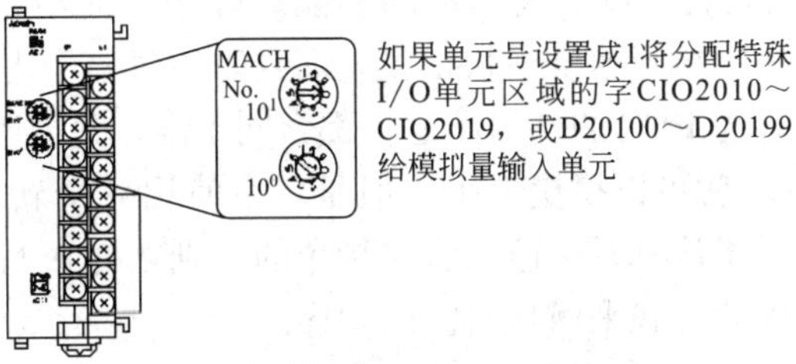MACH No. 10^1 10^0 如果单元号设置成1将分配特殊I/O单元区域的字CIO2010～CIO2019，或D20100～D20199给模拟量输入单元
4	连接模拟量单元并配线	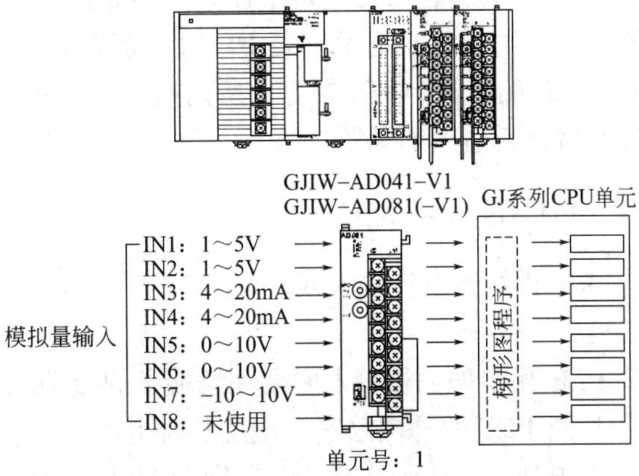GJIW-AD041-V1 GJIW-AD081(-V1) GJ系列CPU单元 模拟量输入 IN1：1～5V IN2：1～5V IN3：4～20mA IN4：4～20mA IN5：0～10V IN6：0～10V IN7：-10～10V IN8：未使用 梯形图程序 单元号：1

步骤	方法	图　　示
5	接通 PLC 电源，创建 I/O 表（如没有手持编程器，则需要在软件 CX-P 上进行操作）	外设接口 编程器

（2）软件设置

PLC 的启动设置、看门狗、中断设置、通信设置、I/O 模块地址识别都是在 PLC 的系统软件中进行的。一般来说，在软件设置前，首先必须安装 PLC 厂家提供的软件包，包括 PLC 设置的所有工具，例如编程、网络、模拟仿真等工具。接下来按照软件画面提示的步骤及方法，一步一步地进行软件设置。

不同品牌的 PLC，其软件设置方法有所不同，操作者应按照厂家提供的操作说明进行软件设置。

每种 PLC 都有各自的编程软件作为应用程序的编程工具，常用的编程语言是梯形图语言，也有 ST、IL 和其他的语言。每一种 PLC 的编程语言都有自己的特色，指令的设计与编排思路都不一样。如果对一种 PLC 的指令十分熟悉，就可以编出十分简洁、优美、流畅的程序。例如，对于同样的一款 PLC 的同样一个程序的设计，如果编程工程师对指令不熟悉，编程技巧也差的话，需要 1000 条语句；但一个编程技巧高超的工程师，可能只需要 200 条语句就可以实现同样的功能。程序的简洁不仅可以节约内存，出错的概率也会小很多，程序的执行速度也快很多，而且以后对程序进行修改和升级也容易很多。

所有的 PLC 的梯形图逻辑都大同小异，只要熟悉了一种 PLC 的编程，再学习第二个品牌的 PLC 就可以很快上手。但是，在使用一个新的 PLC 的时候，还是应仔细将新的 PLC 的编程手册认真看一遍，看看指令的特别之处，尤其是可能要用到的指令，并考虑如何利用这些特别的方式来优化自己的程序。

各个 PLC 的编程语言的指令设计、界面设计都不一样，不存在孰优孰劣的问题，主要是风格不同。不能武断地说三菱 PLC 的编程语言不如西门子的 STEP7，也不能说 STEP7 比 CKWELL 的 RSLOGIX 要好，所谓的好与不好，其实是已经形成的编程习惯与编程语言的设计风格是否适用的问题。

9.4.2　PLC 的日常维护

① 若输出接点电流较大或 ON/OFF 使用频繁，要注意检查接点的使用寿命，有问题应及时更换。

② PLC 用于振动机械上时要注意端子的松动现象。

③ 注意 PLC 的外围温度、湿度及粉尘。

④ 锂电池的寿命约为 5 年，若锂电池电压太低，面板上的 BATT. low 灯会亮，此时程

序尚可保持一月以上。下面介绍更换锂电池的步骤。

　　a. 断开 PLC 的供电电源，若 PLC 的电源已经是断开的，则需先接通至少 10s 后，再断开。

　　b. 打开 CPU 盖板（不同厂家的产品，其打开方式不同，应参照其说明书，以免损坏设备）。

　　c. 在 2min 内（当然越快越好）从支架上取下旧电池，并装上新电池，如图 9-6 所示。

　　d. 重新装好 CPU 盖板。

　　e. 用编程器清除 ALARM。

 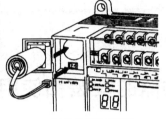

(a) 锂电池　　　　　　　(b) 电池更换示意图

图 9-6　PLC 锂电池的更换

第10章

变频器与软启动器

10.1 变频器的安装和使用

(1) 变频器的安装

变频器是应用变频技术制造的一种静止的频率变换器,它是利用半导体器件的通断作用将频率固定的交流电变换成频率连续可调的交流电的电能控制装置。变频器的基本构造如图 10-1 所示。

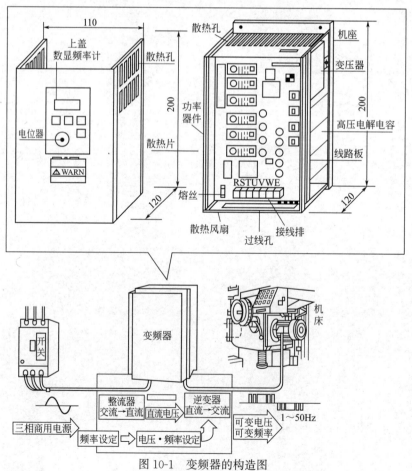

图 10-1　变频器的构造图

① 变频器应安装在无水滴、无蒸气、无灰和油性灰尘的场所。该场所还必须无酸碱腐蚀，无易燃易爆的气体和液体。

② 变频器在运行中会发热，为了保证散热良好，必须将变频器安装在垂直方向，因变频器内部装有冷却风扇以强制风冷，其上下左右与相邻的物品和挡板必须保证有足够的空间。平面安装如图10-2(a) 所示，垂直安装如图10-2(b) 所示。

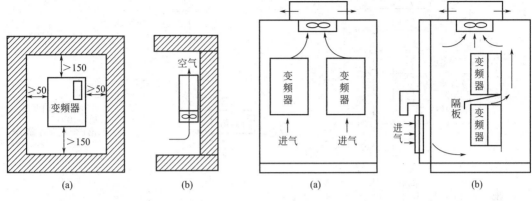

图 10-2 变频器的安装　　　　　图 10-3 多台变频器的安装

③ 变频器在运转中，散热片的附近温度可上升到90℃，变频器背面要使用耐温材料。

④ 将多台变频器安装在同一装置或控制箱里时，为减少相互热影响，建议横向并列安装。必须上下安装时，为了使下部的热量不至影响上部的变频器，应设置隔板等物。箱（柜）体顶部装有引风机的，其引风机的风量必须大于箱（柜）内各变频器出风量的总和，没有安装引风机的，其箱（柜）体顶部应尽量开启，无法开启时，箱（柜）体底部和顶部保留的进、出风口面积必须大于箱（柜）体各变频器端面面积的总和。且进出风口的风阻应尽量小，如图10-3所示。

(2) 变频器的使用

① 严禁在变频器运行中切断或接通电动机。

② 严禁在变频器 U、V、W 三相输出线中提取一路作为单相用电。

③ 严禁在变频器输出 U、V、W 端子上并接电容器。

④ 变频器输入电源容量应为变频器额定容量的 1.5 倍～500kV·A 之间，当使用大于 500kV·A 电源时，输入电源会出现较大的尖峰电压，有时会损坏变频器，应在变频器的输入侧配置相应的交流电抗器。

⑤ 变频器内电路板及其他装置有高电压，切勿以手触摸。

⑥ 切断电源后因变频器内高电压需要一定时间泄放，维修检查时，需确认主控板上高压指示灯完全熄灭后方可进行。

⑦ 机械设备需在 1s 以内快速制动时，则应采用变频器制动系统。

⑧ 变频器适用于交流异步电动机，严禁使用带电刷的直流电动机等。

10.2　变频器的电气控制线路

变频器的基本接线图如图10-4所示。

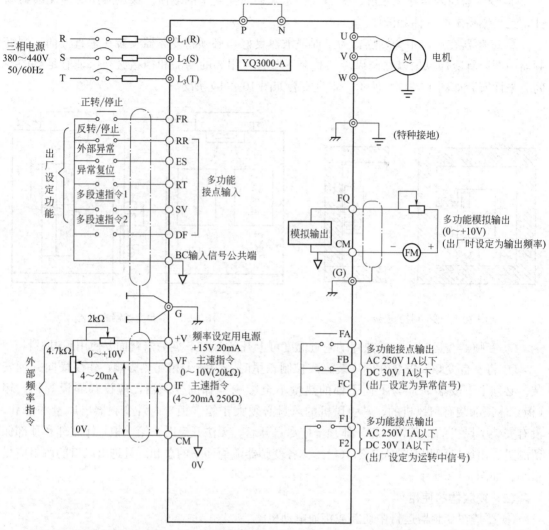

注：1. 主速指令由参数no42选择为电压(VF)或电流(IF)指令，
　　出厂时设定为电压(VF)指令。
　　2. +V端子输出额定为+15V、20mA。
　　3. 多功能模拟输出(FQ、CM)为外接频率/电流表用。

图 10-4　变频器的基本接线图

接线时应注意以下几点。

① 输入电源必须接到 R、S、T 上，输出电源必须接到端子 U、V、W 上，若接错，会损坏变频器。

② 为了防止触电、火灾等灾害和降低噪声，必须连接接地端子。

③ 端子和导线的连接应牢靠，要使用接触性好的压接端子。

④ 配完线后，要再次检查接线是否正确，有无漏接现象，端子和导线间是否短路或接地。

⑤ 通电后，需要改接线时，即使已经关断电源，主电路直流端子滤波电容器放电也需要时间，所以很危险。应等充电指示灯熄灭后，用万用表确认 P、N 端之间直流电压降到安全电压（DC36V 以下）后再操作。

(1) 主回路端子的接线

变频器的主回路配线图如图 10-5 所示，主回路端子的功能如表 10-1 所示。

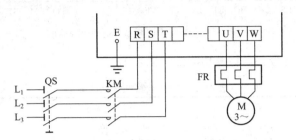

图 10-5 变频器的主回路配线图

表 10-1 主回路端子功能说明

种类	编号	名 称
主回路端子	R(L$_1$)	主回路电源输入
	S(L$_2$)	
	T(L$_3$)	
	U(T$_1$)	变频器输出（接电动机）
	V(T$_2$)	
	W(T$_3$)	
	P	直流电源端子
	N	

进行主回路接线时，应注意以下几点。

① 主回路端子 R、S、T，经接触器和断路器与电源连接，不用考虑相序。

② 不应以主回路的通断来进行变频器的运行、停止操作。需要用控制面板上的运行键 (RUN) 和停止键 (STOP) 来操作。

③ 变频器输出端子最好经热继电器再接到三相电动机上，当旋转方向与设定不一致时，要调换 U、V、W 三相中的任意两相。

④ 星形接法电动机的中性点绝不可接地。

⑤ 从安全及降低噪声的需要出发，变频器必须接地，接地电阻应小于或等于国家标准规定值，且用较粗的短线接到变频器的专用接地端子上。当数台变频器共同接地时，勿形成接地回路，如图 10-6 所示。

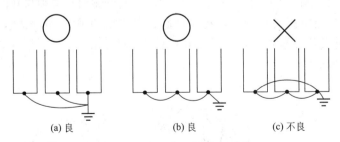

(a) 良　　　　　　(b) 良　　　　　　(c) 不良

图 10-6 接地线不得形成回路

(2) 控制电路端子的接线

控制电路端子的排列如图 10-7 所示。

图 10-7 变频器控制电路端子的排列

控制电路端子的符号、名称及功能说明见表 10-2。

表 10-2 控制电路端子功能说明

种类	编号	名称	端子功能			信号标准
运转输入信号	FR	正转/停止	闭→正转 开→停止		端子 RR、ES、RT、SV、DF 为多功能端子（no35～no39）	DC24V，8mA 光耦合隔离
	RR	逆转/停止	闭→逆转 开→停止			
	ES	外部异常输入	闭→异常 开→正常			
	RT	异常复位	闭→复位			
	SV	主速/辅助切换	闭→多段速指令 1 有效			
	DF	多段速指令 2	闭→多段速指令 2 有效			
	BC	公共端	与端子 FR、RR、ES、RT、SV、DF 短路时信号输入			
模拟输入信号	+V	频率指令电源	频率指令设定用电源端子			+15(20mA)
	VF	频率指令电压输入	0～10V/100％频率	no42＝0 VF 有效		0～10V(20kΩ)
	IF	频率指令电流输入	4～20mA/100％频率	no42＝1 IF 有效		4～20mA(250Ω)
	CM	公共端	端子 VF、IF 速度指令公共端			—
	G	屏蔽线端子	接屏蔽线护套			—
运转输出信号	F1	运转中信号输出（a 接点）	运转中接点闭合		多功能信号输出(no,41)	接点容量 AC250V，1A 以下 DC30V，1A 以下
	F2					
	FA	异常输出信号 FA-FC a 接点	异常时 FA-FC 闭合		多功能信号输出(no,40)	
	FB	FB-FC b 接点	FB-FC 断开			
	FC					
模拟输出信号	FQ	频率计(电流计)输出	0～10V/100％频率（可设定 0～10V/100％电流）		多功能模拟输出(no,48)	0～+10V 20mA 以下
	CM	公共端				

① 控制回路配线必须与主回路控制线或其他高压或大电流动力线分隔及远离，以避免干扰。

② 控制回路配线端子 F1、F2、FA、FB、FC（接点输出）必须与其他端子分开配线。

③ 为防止干扰避免误动作发生，控制回路配线务必使用屏蔽隔离绞线，如图 10-8 所示。使用时，将屏蔽线接至端子 G。配线距离不可超过 50m。

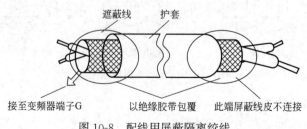

接至变频器端子G　　　　以绝缘胶带包覆　　　　此端屏蔽线皮不连接

图 10-8 配线用屏蔽隔离绞线

10.3 变频器的常见故障及检修方法

（1）康沃 CVF-G2 系列变频器的常见故障及检修方法

见表 10-3。

表 10-3　康沃 CVF-G2 系列变频器的常见故障及检修方法

故障代码	故障说明	可能原因	检修方法
Er.01	加速中过电流	①加速时间过短 ②转矩提升过高	①延长加速时间 ②降低转矩提升档次
Er.02	减速中过电流	减速时间太短	增加减速时间
Er.03	运行中过电流	负载发生突变	减小负载波动
Er.04	加速中过电压	①输入电压太高 ②电源频繁通、断	①检查电源电压 ②勿用通断电源启动电动机
Er.05	减速中过电压	①减速时间太短 ②输入电压异常	①延长减速时间 ②检查电源电压，安装或重选制动电阻
Er.06	运行中过电压	①电源电压异常 ②运行中有再生制动状态	①检查电源电压 ②安装或重选制动电阻
Er.07	停机时过电压	电源电压异常	检查电源电压
Er.08	运行中欠电压	①电源电压异常 ②电网中有大负载启动	①检查电源电压 ②与大负载分开供电
Er.09	变频器过载	①负载过大 ②加速时间过短 ③转矩提升过高 ④电网电压过低	①减轻负载或增大变频器容量 ②延长加速时间 ③降低转矩提升档次 ④检查电网电压
Er.10	电动机过载	①负载过大 ②加速时间过短 ③保护系数预置过小 ④转矩提升过高	①减轻负载 ②延长加速时间 ③加大电动机的过载保护系数 ④降低转矩提升档次
Er.11	变频器过热	①风道阻塞 ②环境温度过高 ③风扇损坏	①清理风道或改善通风条件 ②改善通风条件，降低载波频率 ③更换风扇
Er.12	输出接地	①变频器输出端接地 ②变频器输出线过长	①检查变频器的输出线 ②缩短输出线或降低载波频率
Er.13	干扰	因受干扰而误动作	给干扰源加入吸收电路
Er.14	输出缺相	变频器的输出线不良或断线	检查接线
Er.15	IPM 故障	①输出端短路或接地 ②负载过重	①检查接线 ②减轻负载
Er.16	外部设备故障	外部故障输入端有信号输入	检查信号源及相关设备
Er.17	电流检测错误	①电流检测器件或电路损坏 ②辅助电源有问题	请求技术服务
Er.18	RS485 通信故障	数据的发送和接受有问题	①检查接线 ②请求技术服务

续表

故障代码	故障说明	可能原因	检修方法
Er. 19	PID 反馈故障	①反馈信号线断开 ②传感器发生故障 ③反馈信号与预置的不符	①检查反馈通道 ②检查传感器 ③核实反馈信号是否符合要求
Er. 20	与供水系统专用附件的连接故障	①选择了多泵恒压供水,却未选专用附件 ②与附件的连接出现问题	①改用单泵恒压供水方式,选购专用附件 ②检查与附件的连接是否牢固

(2) 艾默生 TD3000 系列变频器的常见故障及检修方法

见表 10-4。

表 10-4 艾默生 TD3000 系列变频器的常见故障及检修方法

故障码	故障现象	原　因	检修方法
E001	变频器加速运行过电流	①加速时间太短 ②V/F 曲线不合适 ③瞬停发生时对旋转中的电机实施再启动 ④电网电压低 ⑤变频器功率太小	①延长加速时间 ②调整 V/F 曲线并调整转矩提升 ③将启动方式设置为转速跟踪再启动功能 ④查输入电源 ⑤选用功率等级大的变频器
E002	变频器减速运行过电流	①变频器功率偏小 ②负载惯性转矩大 ③减速时间太短	①选用功率等级大的变频器 ②外加合适的能耗制动组件 ③调整减速时间
E003	变频器恒速运行过电流	①负载发生突变 ②负载异常 ③电网电压低 ④变频器功率小	①减小负载的突变 ②进行负载检查 ③检查输入电源 ④选用功率等级大的变频器
E004	变频器加速运行过电压	①输入电压异常 ②瞬停发生时对旋转中的电机实施再启动	①检查输入电源 ②将启动方式设置为转速跟踪再启动功能
E005	变频器减速运行过电压	①减速时间太短(相对于再生能量) ②有势能负载或负载惯性转矩大 ③输入电压异常	①延长减速时间 ②选择合适的能耗制动组件 ③检查输入电源
E006	变频器恒速运行过电压	①输入电压发生了异常变动 ②负载惯性大	①安装输入电抗器 ②考虑采用能耗制动组件
E007	控制电源过电压	控制电源异常	①检查输入电源 ②请求技术服务
E008	输入侧缺相	输入电源缺相	①检查输入电源 ②检查输入电源配线
E009	输出侧缺相	变频器输出线路断线或缺相	①检查输出配线 ②检查电机及电缆
E010	功率模块故障	①变频器瞬间过电流 ②变频器输出侧短路或接地 ③变频器通风不良或风扇损坏 ④逆变桥直通	①参见过电流对策 ②检查输出线 ③疏通风道或更换风扇 ④请求技术服务
E011	功率模块散热器过热	①环境温度过高 ②变频器通风不良 ③风扇故障 ④温度检测故障	①降低环境温度 ②改善散热环境 ③更换风扇 ④请求技术服务
E012	整流桥散热器过热	①环境温度过高 ②变频器通风不良 ③风扇故障 ④温度检测故障	①降低环境温度 ②改善散热环境 ③更换风扇 ④请求技术服务

续表

故障码	故障现象	原　因	检修方法
E013	变频器过载	①加速时间太短 ②直流制动量过大 ③V/F曲线不合适 ④瞬停发生时对旋转中的电机实施再启动 ⑤电网电压过低 ⑥负载过大	①延长加速时间 ②减小直流制动电压延长制动时间 ③调整V/F曲线 ④将启动方式设置为转速跟踪再启动功能 ⑤检查电网电压 ⑥选择功率更大的变频器
E014	电机过载	①V/F曲线不合适 ②电网电压过低 ③通用电机长期低速大负载运行 ④电机过载保护系数设置不正确 ⑤电机堵转或负载突变过大	①调整V/F曲线 ②检查电网电压 ③长期低速运行可选择专用电机 ④正确设置电机过载保护系数 ⑤检查负载
E015	外部设备故障	①非操作面板运行方式下使用急停STOP键；失速情况下使用急停STOP键 ②外部故障急停端子闭合	①检查操作方式正确设置运行参数处理 ②外部故障后断开外部故障端子
E016	E^2PROM读写故障	控制参数的读写发生错误	按STOP/RESET键复位并请求技术服务
E017	RS232/485通信错误	①波特率设置不当 ②采用串行通信的通信错误	①降低波特率按STOP/RESET键复位 ②请求技术服务
E018	接触器未吸合	①电网电压过低 ②接触器损坏 ③上电缓冲电阻损坏 ④控制回路损坏	①检查电网电压 ②更换主回路接触器 ③更换缓冲电阻 ④请求技术服务
E019	电流检测电路故障	①控制板连线或插件松动 ②辅助电源损坏	①检查并重新连线 ②请求技术服务
E020	CPU错误	①干扰严重 ②主控板DSP读写错误	①按STOP/RESET键复位或在电源输入侧外加电源滤波器 ②按STOP/RESET键复位并请求技术服务

10.4　软启动器的电气控制线路

电动机软启动器是一种减压启动器，是继星-三角启动器、自耦减压启动器、磁控式软启动器之后，目前最先进、最流行的启动器，如图10-9所示。它一般采用16位单片机进行智能化控制，既能保证电动机在负载要求的启动特性下平滑启动，又能降低对电网的冲击，同时还能直接与计算机实现网络通信控制，为自动化智能控制打下良好基础。

电动机软启动器有以下特点。

① 降低电动机启动电流，降低配电容量，避免增容投资。

图10-9　电动机软启动器的外形

② 降低启动机械应力，延长电动机及相关设备的使用寿命。

③ 启动参数可视负载调整，以达到最佳启动效果。

④ 多种启动模式及保护功能，易于改善工艺、保护设备。

⑤ 全数字开放式用户操作显示键盘，操作设置灵活简便。

⑥ 高度集成微处理器控制系统，性能可靠。

⑦ 相序自动识别及纠正，电路工作与相序无关。

(1) 软启动器的主电路连接图

电动机软启动器的主电路连接图如图 10-10 所示。

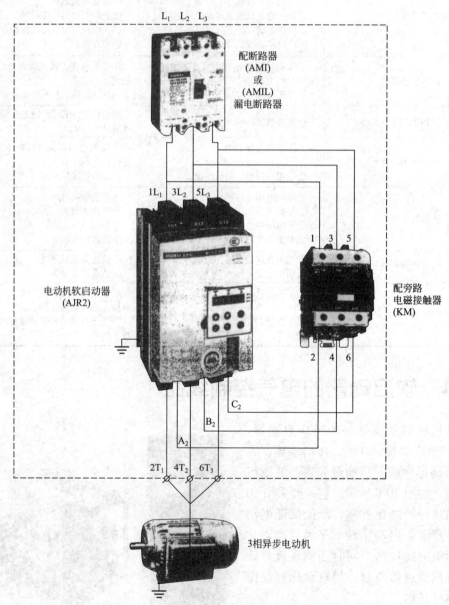

图 10-10　电动机软启动器的主电路连接图

(2) 软启动器的总电路连接图

电动机软启动器的总电路连接图如图 10-11 所示。

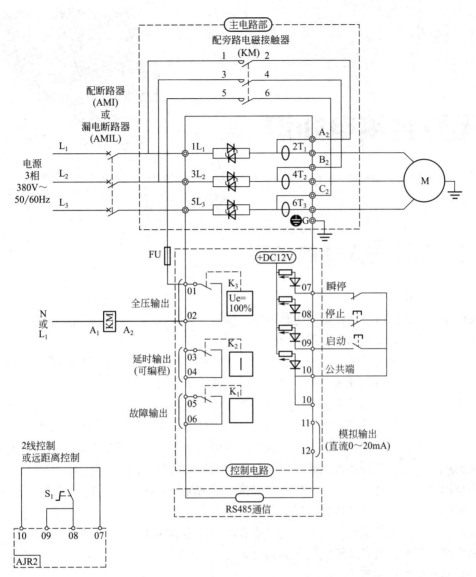

图 10-11　电动机软启动器的总电路连接图

第11章

电工安全用电知识

11.1 电流对人体的危害

(1) 电击和电伤

触电是指当人体接触或接近带电体时电流流过人体，引起人体局部受伤或死亡的现象。电流对人体的伤害有电击与电伤两种。

电击是指电流通过人体，造成人体内部组织的反应和病变，使人出现刺疼、灼热、痉挛、麻痹、昏迷、心室颤动或停跳、呼吸困难或停止等现象。

电伤是指电流对人体外部造成的局部伤害，包括电灼伤、电烙印、皮肤金属化等。

其中电灼伤有接触灼伤和电弧灼伤两种情况。接触灼伤发生在高压触电时电流通过人体皮肤的进出口处，伤及人体组织深层，伤口难以愈合。电弧灼伤发生在短路或高压电弧放电时，像火焰一样把皮肤烧伤或烧坏，同时还会对眼睛造成严重损害。

电烙印是指发生在人体与带电体有良好接触的情况下，在皮肤表面留下和被接触带电体形状相似的肿块痕迹，往往造成局部麻木和失去知觉。

皮肤金属化是由于电弧的温度极高（中心温度可达6000℃以上），使得其周围的金属熔化、蒸发并飞溅到皮肤表层而使皮肤金属化。

(2) 触电的危害程度

电流对人体的伤害程度与通过人体电流的大小、持续的时间、电流的频率、通过人体的部位及触电者的身体状况等因素有关。

① 触电电流越大，对人体的伤害也越大。通过人体的电流大小与作用于人体的电压和人体电阻有关。人体电阻包括体内电阻和皮肤电阻，体内电阻较小（约500Ω）且基本不变。皮肤电阻与接触电压、接触面积、接触压力、皮肤表面状况（干湿程度、有无损伤、是否出汗、有无导电粉尘、皮肤表层角质的厚薄）等有关，且为非线性，可在几十到几万欧之间。当触电者因神经收缩而紧握带电体时，接触面积和接触压力都将增大，其触电危险也将增加。

② 触电时间越长，触电危害越大。

③ 50Hz工频电流对人体的伤害程度最为严重。随着电流频率的增高，危险性将降低。直流电流对人体的伤害程度较轻，高频电流还可用于临床医疗（但若电压过高、电流过大仍可致人死亡）。

④ 电流通过人体的任何部位都可致人死亡，但以通过心脏、中枢神经（脑、脊髓）、呼吸系统最为危险。电流流经左手至前胸最危险，危害程度依次减小的其他触电路径是右手至脚、右手至左手、左脚至右脚。当触电电流流经脚部时，触电者可能因痉挛而摔倒，导致电流通过全身或发生二次事故。

⑤ 触电者的伤害程度还与其性别、年龄、健康状况、精神状态等有关。若触电者本人的精神状态不良、心情忧郁、人弱体衰，自身的抵抗力低下，则触电的伤害程度较之健康者更严重。另外，相对于男性青壮年，妇女、儿童、老人及体重较轻者对耐受电流刺激的能力要弱一些。

（3）触电原因

① 缺乏安全用电知识。例如把普通220V台灯移到浴室照明；用湿手去开关电灯；发现有人触电时，不是及时切断电源或用绝缘物使触电者脱离电源，而是用手去拉触电者。

② 思想麻痹、违章冒险。明知在某些情况下不准带电操作，而冒险带电操作。

③ 意外触电。例如输电线或用电设备绝缘损坏，当人体无意触摸绝缘损坏的通电导线或带电金属体时发生触电事故。

统计表明，夏、秋季为触电事故的高发季节。这是因为夏季人们使用的电气设备多，同时夏、秋季湿度大、气温高，人们穿着较少，体汗较多，人体电阻较小，所造成的触电机会较多、触电危害较大。

（4）人体触电方式

人体触电方式，主要分为：单相触电、两相触电、跨步电压触电和接触电压触电4种。

① 单相触电是指人体站在地面或其他接地体上，人体的某一部位触及电气装置的任一相所引起的触电，这时电流就通过人体流入大地而造成单相触电事故，如图11-1所示。

图11-1　接地系统中的单相触电

② 两相触电是指人体同时触及两相电源或两相带电体，电流由一相经人体流入另一相所引起的触电，加在人体上的最大电压为线电压，其危险性最大。两相触电如图11-2所示。

图11-2　两相触电

图11-3　跨步电压触电

③ 跨步电压触电是指对于外壳接地的电气设备，当绝缘损坏而使外壳带电，或导线断落发生单相接地故障时，电流由设备外壳经接地线、接地体（或由断落导线经接地点）流入大地，向四周扩散。如果此时人站立在设备附近地面上，两脚之间也会承受一定的电压，称为跨步电压。跨步电压的大小与接地电流、土壤电阻率、设备接地电阻及人体位置有关。当接地电流较大时，跨步电压会超过允许值，发生人身触电事故。特别是在发生高压接地故障或雷击时，会产生很高的跨步电压，如图 11-3 所示。跨步电压触电也是危险性较大的一种触电方式。

注意：发生跨步电压触电时，应单腿或并步蹦着离开高压线触地点，千万注意不可跌倒。

④ 接触电压触电是指运行中的电气设备由于绝缘损坏或其他原因造成漏电，当人触及漏电设备时，电流通过人体和大地形成回路，造成触电事故，这称为接触电压触电。

除上述触电方式外，高压电场、电磁感应电压、高频电磁场、静电、雷电等对人体也有伤害，并可能造成触电危险。

11.2　电工应采取的安全措施

安全用电的原则是：不接触低压带电体，不接近高压带电体。同时，采取必要的安全措施，以防触电事故的发生。

(1) 安全电压、安全距离、屏护及安全标志

触电时，人体所承受的电压越低通过人体的电流就越小，触电伤害就越轻。当低到一定值以后，对人体就不会造成伤害。在不带任何防护设备的条件下，当人体接触带电体时，对各部分组织均不会造成伤害的电压值，叫做安全电压。

我国及 IEC（国际电工委员会）都对安全电压的上限值进行了规定，即工频下安全电压的上限值为 50V，其电压等级有 42V、36V、24V、12V、6V。同时规定：高度不足 2.5m 的照明装置、机床局部照明灯具、移动行灯等，其安全电压可采用 36V；工作地点狭窄、工作人员活动困难、金属构架或容器内以及特别潮湿的场所，则应采用 12V 安全电压。

安全电压必须由双绕组变压器获得，而不能取自自耦变压器；工作在安全电压下的电路，必须与其他系统隔离，不得同管敷设；安全变压器的铁芯、外壳均应接地。

为防止带电体之间、带电体与地面之间、带电体与其他设施之间、带电体与工作人员之间，因距离不远而在其间发生电弧放电现象引起电击或电伤事故，规定其间必须保持最小间隙，即安全距离或安全间距。

屏护是指将带电体间隔起来，以有效地防止人体触及或靠近带电体，特别是当带电体无明显标志时。常用的屏护方式有遮栏（适用于室内高压配电装置，底部距地不应大于 0.1m，若是金属遮栏，还应接地）、栅栏（适用于室外配电装置，高度不应低于 1.5m）、围墙（不应低于 2.5m）和保护网。

设置屏护装置时，其本身与带电体间的距离应符合安全距离的要求并配以明显的标志；同时，还应符合防风、防火要求并具有足够的机械强度和稳定性。

标志是保证安全用电的一项重要的防护措施。在有触电危险或容易产生误判断、误操作的地方，以及存在不安全因素的场所，都应设立醒目的文字或图形标志，以便人们识别并引起警惕。

标志的设置，要求简明扼要、色彩醒目、图形清晰、便于管理、标准统一或符合传统习惯。标志可分为识别性和警戒性两大类，分别用文字、图形、颜色、编号等构成。

安全色标的意义如表 11-1 所示，导体或极性的标志如表 11-2 所示。

表 11-1　安全色标的意义

色　标	含　义	举　例
红色	停止、禁止、消防	如停止按钮、灭火器、仪表运行极限
黄色	注意、警告	如"当心触电""注意安全"
绿色	安全、通过、允许、工作	如"在此工作""已接地"
黑色	警告	多用于文字、图形、符号
蓝色	强制执行	如"必须戴安全帽"

表 11-2　导体色标

类别	交流电路				直流电路		接地线
	L_1	L_2	L_3	N	正极	负极	
色标	黄	绿	红	淡蓝	棕	蓝	绿/黄双色线

若因检修等原因将开关断开后，应在开关的操作把手上悬挂"禁止合闸，有人工作"的标示牌以防发生误合闸事故；在高压带电体旁，应悬挂"止步，高压危险"的标示牌以警示人们；在上下通道或工作场所的入口处，悬挂"从此上下"的标示牌以表示安全和允许。标示牌在使用过程中，严禁拆除、移动、变更。

(2) 保护接地和保护接零

保护接地是指将正常情况下不带电的电气设备的金属外壳或构架与大地作良好连接，如图 11-4 所示。

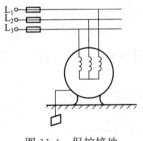

图 11-4　保护接地

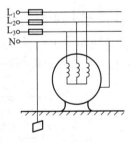

图 11-5　保护接零

保护接地适用于各种不接地电网，其所构成的系统称之为 IT 系统（I 表示配电网不接地，T 表示电气设备金属外壳接地）。

当人体触及漏电的电气设备的外壳时，因金属外壳已与大地作良好的连接，其接地电阻较之人体电阻小很多（在低压系统中，当电源容量小于 100kV·A 时，接地电阻不应超过 10Ω；当电源容量大于 100kV·A 时，接地电阻不应超过 4Ω），则漏电电流几乎全部流经接地线，从而保证了人身安全。

在接地系统中，采用保护接地是不能起到防护作用的，必须采用保护接零，此时所构成的系统称为 TN 系统（T 表示电网中性点直接接地，N 表示电气设备的金属外壳接零线）。

保护接零是指将正常情况下不带电的电气设备的金属外壳或构架与零线作良好连接，如

图 11-5 所示。

　　当一相电源触及设备的外壳时，便引起该相短路，极大的短路电流使得系统中的保护装置动作（如熔断器熔断、空气开关跳闸等），从而切断电源，防止触电事故的发生。

　　图 11-6 所示为三脚插头和三孔插座的接线方法，图 11-7 所示为单相电气设备保护接零的正确接法，图 11-8 所示为保护接零的错误接法。

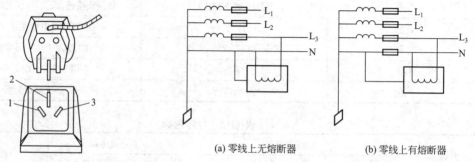

图 11-6　三脚插头和三孔插座
1—零线；2—保护零线或地线；3—火线

(a) 零线上无熔断器　　　　(b) 零线上有熔断器

图 11-7　单相电气设备保护接零的正确接法

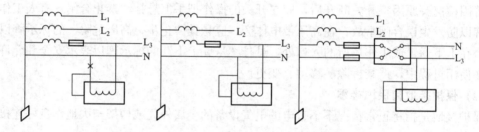

图 11-8　单相电气设备保护接零的错误接法

　　注意：在同一供电线路中，不允许一部分设备采用保护接地而另一部分设备采用保护接零。在图 11-9 所示系统中，当接地设备一相碰触外壳而其保护装置又没有动作时，零线电位将升高到 $U_{相}/2$，从而使得与零线相连接的所有电气设备的金属外壳都带上危险的电压。

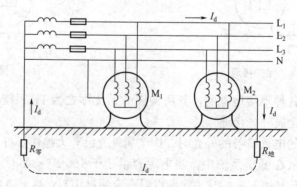

图 11-9　同一供电系统中同时采用保护接地和保护接零时的情况

(3) 漏电保护

　　漏电保护已广泛地应用于低压配电系统中。当电气设备（或线路）发生漏电或接地故障时，保护装置能在人尚未触及之前就将电源切断；当人体触及带电体时，能在极短（0.1s）

的时间内切断电源，从而减轻电流对人体的伤害程度。

漏电保护器有电压型和电流型两大类，其中电流型应用最为广泛。图 11-10(a) 所示为漏电保护器的外形，图 11-10(b) 所示为漏电保护器的原理图。

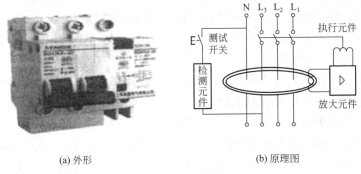

(a) 外形   (b) 原理图

图 11-10　漏电保护器

正常情况下，互感器铁芯中合成磁场为零，说明无漏电现象，执行机构不动作；当发生漏电现象时，合成磁场不为零并产生感应电压，感应电压经放大后驱动执行元件并使其快速动作，从而切断电源，确保安全。

安装漏电保护器时，工作零线必须接漏电保护器，而保护零线或保护地线不得接漏电保护器。

(4) 其他防护措施

① 安装照明电路时，火线必须进开关。当开关处于分断状态时，用电器就不带电。另外，安装螺口灯座时，火线要与灯座中心的簧片连接，不允许与螺纹相连。

② 导线通过电流时，不允许过热，所以导线的额定电流应比实际输电的电流要大些，并且应根据使用环境和负载性质合理选择安全裕度。熔丝是用作保护的，电路发生短路或过载时应能按要求迅速熔断，所以不能选额定电流很大的熔丝来保护小电流电路，更不允许以普通导线代替熔丝。

③ 日常生产、生活中产生静电的情况很多，例如：皮带运输机运行时，皮带轮摩擦起电；物料粉碎、碾压、搅拌、挤出等加工过程中的摩擦起电；在金属管道中输送液体或用气流输送粉体物料等都可能产生静电。静电的危害主要是静电放电引起周围易燃易爆的液体、气体或粉尘起火乃至爆炸；还可能使人遭受电击。一般情况下，静电能量不大，所引起的触电不至于造成人员死亡，但可能引起跌倒等二次伤害。消除静电的最基本方法是将可能带静电的物体用导线连接起来接地。

④ 雷云在形成的过程中，由于摩擦等原因，累积起大量的电荷（正或负电荷），产生很高的对地电压。当带有异性电荷的雷云接近到一定程度，或雷云距离树梢、建筑物等较近时，便会击穿空气而发生强烈的放电，并伴随着出现高温、高热、耀眼的弧光和震耳的轰鸣等现象，即雷电现象。

防雷的基本思想是疏导，即设法将雷电流导引入地。常用的防雷装置有避雷针、避雷线、避雷网、避雷带和避雷器等，与接地装置一起构成完整的防雷系统。避雷针普遍用于建筑物及露天的电力设施，利用尖端放电原理，保护高大的、凸出的、孤立的建筑物或设施；避雷线主要用于电力线路的防雷保护（这时的避雷线又叫架空地线）；避雷网和避雷带主要用于建筑物的防雷保护，安装于屋角、屋脊等易受雷击的凸出部位；避雷器安装于变配电设

备或线路中，以防雷击时所产生的数十万伏的感应过电压顺电力线路以冲击波的形式侵入室内，使设备的绝缘发生闪络或击穿。

发生雷电时，应避免接触或接近高处的金属物体或与之相连的金属物体或防雷接地装置；不要在河边、洼地停留；不要露天游泳；尽量不要外出走动，尤其不要站在高大的树木下，也不要站在高处；如在野外无合适场所避雨，可双脚并拢蹲下；严禁在室外变电所进户线上作业；不要接听手机，更不应手持金属物件；使用室外天线的用户，应装避雷器或防雷用的转换开关，以防"引雷入室"。

⑤ 电气火灾和爆炸与其他原因导致的火灾和爆炸相比，具有更大的灾难性。因为电气火灾和爆炸除造成财产损坏、建筑物破坏、人员伤亡外，还将造成大范围、长时间的停电。同时，由于存在触电的危险，使得电火灾和爆炸的扑救更加困难。

几乎所有的电气故障都可能导致电气火灾。一般认为，引发电气火灾和爆炸的原因主要有以下几点：一是电气线路或设备过热，比如短路、过载、铁损过大、接触不良、机械摩擦、通风散热条件恶化等；二是电火花或电弧，比如短路故障、接地故障、绝缘子闪络、接头松脱、炭刷冒火、过电压放电、熔体熔断、开关操作、继电器触电开闭等都可能产生电火花和电弧；三是静电放电；四是电热和照明设备在使用时不注意安全要求。

发生火灾和爆炸必须同时具备两个条件：一是足够数量和浓度的可燃易爆物；二是有引燃或引爆的能源。鉴于此，电气防火防爆的主要措施有：排除可燃易爆物资，如保持良好通风、加强易燃易爆物品的管理；排除电气火源，如将正常运行时会产生火花、电弧和危险高温的非防爆电气装置安装在危险场所之外，在危险场所尽量不用或少用携带式电气设备，确需使用的，严格按规范安装和使用，并符合防火防爆要求；加强电气设备自身的防火防爆措施，如导线的安全载流量要合适，保持绝缘良好，防止误操作；通过接地、增湿、屏蔽、中和等措施消除或防止静电。

⑥ 其他安全用电常识。电气设备的绝缘电阻要勤检测，尤其是移动的电气设备，使用前要查看其绝缘是否良好。任何电气设备在未确认没有电以前，应一律视为有电，不要随便触及。尽量避免带电操作，确需带电操作时，应做好防护措施并陪有监护人。便用电烙铁、电熨斗、电吹风、电炉等电热器具时，人不要离开并防烫伤；广播、电话、电视、网络等"弱电"线路要与照明、动力、取暖、制冷等"强电"线路分开敷设，以防"强电"窜入"弱电"；不准乱拉乱接，禁止使用"一线一地"的安装方式；不盲目信赖开关或控制装置，只有拔下电器电源插头才是最安全的。

11.3　电工触电急救方法

人触电以后，不能自行摆脱电源。触电急救最关键的因素是根据患者的表现首先能判断出发生了触电事故，然后按照适当的方法进行及时抢救。施救时应先切断电源，假如判断不正确当作生病抢救，施救者也容易发生触电事故。

① 对于低压触电事故，可采用下列方法使触电者脱离电源，如图 11-11 所示。

a. 立即拔掉电源插头或断开触电地点附近开关。

b. 电源开关远离触电地点，可用有绝缘柄的电工钳或干燥木柄的斧头分相切断电线（不可同时剪两根线，以免造成短路）；或将干木板等绝缘物塞入触电者身下，以隔断电流。

c. 电线搭落在触电者身上或被压在身下时，可用干燥的衣服、手套、绳索、木板、木

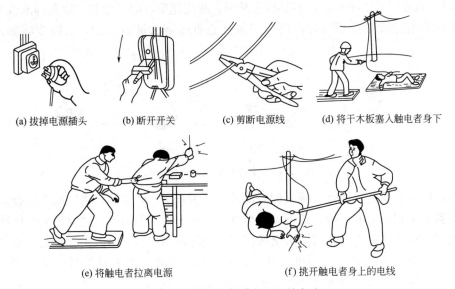

(a) 拔掉电源插头　　(b) 断开开关　　(c) 剪断电源线　　(d) 将干木板塞入触电者身下

(e) 将触电者拉离电源　　　　　(f) 挑开触电者身上的电线

图 11-11　使触电者脱离电源的方法

棒等绝缘物作为工具，拉开触电者或挑开电线，使触电者脱离电源。

② 对于高压触电事故，可以采用下列方法使触电者脱离电源。

a. 立即通知有关部门停电。

b. 戴上绝缘手套，穿上绝缘靴，用相应电压等级的绝缘工具断开电源。

c. 将裸金属线的一端可靠接地，另一端抛掷在线路上造成短路，迫使保护装置动作切断电源。

③ 脱离电源后的注意事项如下所示。

a. 救护人员不可以直接用手或其他金属及潮湿的物件作为救护工具，必须采用适当的绝缘工具且单手操作，以防止自身触电。

b. 防止触电者脱离电源后可能造成的摔伤。

c. 如果触电事故发生在夜间，应当迅速解决临时照明问题，以利于抢救，并避免扩大事故。

④ 触电急救方法。当触电者出现有心跳但无呼吸的现象时，应采取人工呼吸的方法进行施救，其中口对口人工呼吸法较为常见，实施步骤如图 11-12 所示。

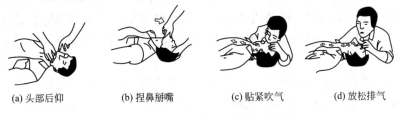

(a) 头部后仰　　　(b) 捏鼻掰嘴　　　(c) 贴紧吹气　　　(d) 放松排气

图 11-12　口对口人工呼吸法四步骤

口对口人工呼吸法的要诀是：病人仰卧平地上，鼻孔朝天颈后仰；首先清理口鼻腔，然后松扣解衣裳；捏鼻吹气要适量，排气应让口鼻畅；吹二秒来停三秒，五秒一次最恰当。

注意：

a. 当触电者牙关紧闭无法张嘴时，可改为口对鼻人工呼吸法。

b. 对儿童采用人工呼吸法，不必捏紧鼻子，吹气速度也应平稳些，以免肺泡破裂。

当触电者有呼吸但无心跳时，应采用胸外心脏压挤法进行救护，实施步骤如图 11-13 所示。

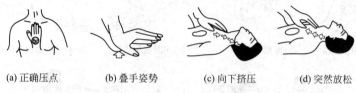

（a）正确压点　　　（b）叠手姿势　　　（c）向下挤压　　　（d）突然放松

图 11-13　胸外心脏压挤法四步骤

胸外心脏压挤法的要诀是：病人仰卧硬地上，松开领扣解衣裳；当胸放掌不鲁莽，中指应该对凹膛；掌根用力向下按，压下一寸至寸半；压力轻重要适当，过分用力会压伤。

触电者呼吸和心跳都停止时，可交替使用或同时使用"口对口人工呼吸法"和"胸外心脏压挤法"，如图 11-14 所示。可单人操作，也可双人操作。双人救护时，每 5s 吹气 1 次，每秒钟挤压 1 次，两人同时进行操作。单人救护时，可先吹气 2～3 次，再挤压 10～15 次，交替进行。

（a）口对口人工呼吸法　　　（b）胸外心脏压挤法　　　（c）呼吸法和压挤法同时救护

图 11-14　触电急救

在对触电者进行施救的过程中，要做到"迅速、就地、准确、坚持"，即使在送往医院的途中也不可中断救护，更不可盲目给假死者注射强心针。

11.4　电工安全用电常识

① 每个家庭必须具备一些必要的电工器具，如验电笔、螺丝刀、胶钳等，还必须具备有适合家用电器使用的各种规格的熔丝具和熔丝。

② 每户家用电表前必须装有总保险，电表后应装有总刀闸和漏电保护开关。

③ 任何情况下严禁用铜、铁丝代替熔丝。熔丝的大小一定要与用电容量匹配。更换熔丝时要拔下瓷盒盖更换，不得直接在瓷盒内搭接熔丝，不得在带电情况下（未拉开刀闸）更换熔丝。

④ 烧断熔丝或漏电开关动作后，必须查明原因才能再合上开关电源。任何情况下不得用导线将熔丝短接或者压住漏电开关跳闸机构强行送电。

⑤ 购买家用电器时应认真查看产品说明书的技术参数（如频率、电压等）是否符合本地用电要求。要清楚耗电功率多少、家庭已有的供电能力是否满足要求，特别是配线容量、插头、插座、熔丝、电表是否满足要求。

⑥ 当家用配电设备不能满足家用电器容量要求时，应予更换改造，严禁凑合使用。否则超负荷运行会损坏电气设备，还可能引起电气火灾。

⑦ 购买家用电器还应了解其绝缘性能：是一般绝缘、加强绝缘还是双重绝缘。如果是靠接地作漏电保护的，则接地线必不可少。即使是加强绝缘或双重绝缘的电气设备，作保护接地或保护接零亦有好处。

⑧ 带有电动机类的家用电器（如电风扇等），还应了解耐热水平，是否长时间连续运行。要注意家用电器的散热条件。

⑨ 安装家用电器前应查看产品说明书对安装环境的要求，特别注意在可能的条件下，不要把家用电器安装在湿热、灰尘多或有易燃、易爆、腐蚀性气体的环境中。

⑩ 在敷设室内配线时，相线、零线应标志明晰，并与家用电器接线保持一致，不得互相接错。

⑪ 家用电器与电源连接，必须采用可开断的开关或插接头，禁止将导线直接插入插座孔。

⑫ 凡要求有保护接地或保护接零的家用电器，都应采用三脚插头和三眼插座，不得用双脚插头和双眼插座代用，造成接地（或接零）线空档。

⑬ 家庭配线中间最好没有接头。必须有接头时应接触牢固并用绝缘胶布缠绕，或者用瓷接线盒。禁止用医用胶布代替电工胶布包扎接头。

⑭ 导线与开关，刀闸、熔丝盒、灯头等的连接应牢固可靠，接触良好。多胶软铜线接头应绞合后再放到接头螺钉垫片下，防止细股线散开碰到另一接头上造成短路。

⑮ 家庭配线不得直接敷设在易燃的建筑材料上面，如需在木料上布线必须使用瓷珠或瓷夹子；穿越木板必须使用瓷套管。不得使用易燃塑料和其他的易燃材料作为装饰用料。

⑯ 接地或接零线虽然正常时不带电，但断线后如遇漏电会使用电器外壳带电；如遇短路，接地线亦通过大电流。为其安全，接地（接零）线规格应不小于相导线，在其上不得装开关或熔丝，也不得有接头。

⑰ 接地线不得接在自来水管上（因为现在自来水管接头堵漏用的都是绝缘带，没有接地效果）；不得接在煤气管上（以防电火花引起煤气爆炸）；不得接在电话线的地线上（以防强电窜弱电）；也不得接在避雷线的引下线上（以防雷电时反击）。

⑱ 所有的开关、刀闸、熔丝盒都必须有盖。胶木盖板老化、残缺不全者必须更换。脏污受潮者必须停电擦抹干净后才能使用。

⑲ 电源线不要拖放在地面上，以防电源线绊人，并防止损坏绝缘。

⑳ 家用电器试用前应对照说明书，将所有开关、按钮都置于原始停机位置，然后按说明书要求的开停操作顺序操作。如果有运动部件如摇头风扇，应事先考虑足够的运动空间。

㉑ 家用电器通电后发现冒火花、冒烟或有烧焦味等异常情况时，应立即停机并切断电源，进行检查。

㉒ 移动家用电器时一定要切断电源，以防触电。

㉓ 发热电器周围必须远离易燃物料。电炉子、取暖炉、电熨斗等发热电器不得直接搁在木板上，以免引起火灾。

㉔ 禁止用湿手接触带电的开关；禁止用湿手拔、插电源插头；拔、插电源插头时手指不得接触触点的金属部分；也不能用湿手更换电气元件或灯泡。

㉕ 对于经常手拿使用的家用电器（如电吹风、电烙铁等），切忌将电线缠绕在手上使用。

㉖ 对于接触人体的家用电器，如电热毯、电油汀、电热足鞋等，使用前应通电试验检

查，确无漏电后才接触人体。

㉗ 禁止用拖导线的方法来移动家用电器；禁止用拖导线的方法来拔插头。

㉘ 使用家用电器时，先插上不带电侧的插座，最后再合上刀闸或插上带电侧插座；停用家用电器则相反，先拉开带电侧刀闸或拔出带电侧插座，然后再拔出不带电侧的插座（如果需要拔出的话）。

㉙ 紧急情况需要切断电源导线时，必须用绝缘电工钳或带绝缘手柄的刀具。

㉚ 抢救触电人员时，首先要断开电源或用木板、绝缘杆挑开电源线，千万不要用手直接拖拉触电人员，以免连环触电。

㉛ 家用电器除电冰箱这类电器外，都要随手关掉电源特别是电热类电器，要防止长时间发热造成火灾。

㉜ 严禁使用床开关。除电热毯外，不要把带电的电气设备引上床，靠近睡眠的人体。即使使用电热毯，如果没有必要整夜通电保暖，也建议发热后断电使用，以保安全。

㉝ 家用电器烧焦、冒烟、着火，必须立即断开电源，切不可用水或泡沫灭火器浇喷。

㉞ 对室内配线和电气设备要定期进行绝缘检查，发现破损要及时用电工胶布包缠。

㉟ 在雨季前或长时间不用又重新使用的家用电器，用500V摇表测量其绝缘电阻应不低于1MΩ，方可认为绝缘良好，可正常使用。如无摇表，至少也应用验电笔经常检查有无漏电现象。

㊱ 对经常使用的家用电器，应保持其干燥和清洁，不要用汽油、酒精、肥皂水、去污粉等带腐蚀或导电的液体擦抹家用电器表面。

㊲ 家用电器损坏后要请专业人员或送修理店修理；严禁非专业人员在带电情况下打开家用电器外壳。

参 考 文 献

［1］ 周绍敏．电工基础．北京：高等教育出版社，2009.
［2］ 高惠瑾．常用电工技能一本通．北京：机械工业出版社，2011.
［3］ 蔡杏山．零起步轻松学电工技术．北京：人民邮电出版社，2012.
［4］ 杨清德．全程图解电工操作技能．北京：化学工业出版社，2011.
［5］ 闫和平．低压电器与电气控制技术．北京：机械工业出版社，2006.
［6］ 周德仁．电工技术基础与技能．北京：电子工业出版社，2010.
［7］ 王兰君．图解电工技术速学速用．北京：人民邮电出版社，2011.
［8］ 刘伦富．电工技能训练．北京：国防工业出版社，2009.
［9］ 王兆晶．维修电工．北京：机械工业出版社，2008.

化学工业出版社电气类图书推荐

书号	书名	开本	装订	定价/元
06669	电气图形符号文字符号便查手册	大32	平装	45
15249	实用电工技术问答(第二版)	大32	平装	49
10561	常用电机绕组检修手册	16	平装	98
10565	实用电工电子查算手册	大32	平装	59
07881	低压电气控制电路图册	大32	平装	29
12759	电机绕组接线图册(第二版)	横16	平装	68
20024	电机绕组布线接线彩色图册(第二版)	大32	平装	68
13422	电机绕组图的绘制与识读	16	平装	38
15058	看图学电动机维修	大32	平装	28
12806	工厂电气控制电路实例详解(第二版)	16	平装	38
09682	发电厂及变电站的二次回路与故障分析	B5	平装	29
05400	电力系统远动原理及应用	B5	平装	29
20628	电气设备故障诊断与维修手册	16	精装	88
08596	实用小型发电设备的使用与维修	大32	平装	29
10785	怎样查找和处理电气故障	大32	平装	28
11271	住宅装修电气安装要诀	大32	平装	29
11575	智能建筑综合布线设计及应用	16	平装	39
12034	实用电工电子控制电路图集	16	精装	148
12759	电力电缆头制作与故障测寻(第二版)	大32	平装	29.8
13862	电力电缆选型与敷设(第二版)	大32	平装	29
09381	电焊机维修技术	16	平装	38
14184	手把手教你修电焊机	16	平装	39.8
13555	电机检修速查手册(第二版)	B5	平装	88
19705	高压电工上岗应试读本	大32	平装	49
22417	低压电工上岗应试读本	大32	平装	49
12313	电厂实用技术读本系列——汽轮机运行及事故处理	16	平装	58
13552	电厂实用技术读本系列——电气运行及事故处理	16	平装	58
13781	电厂实用技术读本系列——化学运行及事故处理	16	平装	58
14428	电厂实用技术读本系列——热工仪表及自动控制系统	16	平装	48
23556	怎样看懂电气图	16	平装	39
23123	电气二次回路识图(第二版)	B5	平装	48
14725	电气设备倒闸操作与事故处理700问	大32	平装	48
15374	柴油发电机组实用技术技能	16	平装	78
15431	中小型变压器使用与维护手册	B5	精装	88
23469	电工控制电路图集(精华本)	16	平装	88

以上图书由**化学工业出版社 机械电气出版中心**出版。如要以上图书的内容简介和详细目录，或者更多的专业图书信息，请登录 www.cip.com.cn。

地址：北京市东城区青年湖南街13号 （100011）

购书咨询：010-64518888

如要出版新著，请与编辑联系。

编辑电话：010-64519265

投稿邮箱：gmr9825@163.com